现代农业实用技术系列丛书

兽医临床诊疗技术

王昆朋　主编

U0219177

中国农业大学出版社
·北京·

图书在版编目(CIP)数据

兽医临床诊疗技术/王昆朋主编.—北京:中国农业大学出版社,2017.1(2020.4 重印)

ISBN 978-7-5655-1758-7

Ⅰ.①兽… Ⅱ.①王… Ⅲ.①兽医学-诊疗 Ⅳ.①S854

中国版本图书馆 CIP 数据核字(2016)第 302431 号

书　　名	兽医临床诊疗技术		
作　　者	王昆朋　主编		
策划编辑	赵　中	责任编辑	王艳欣
封面设计	郑　川	责任校对	王晓凤
出版发行	中国农业大学出版社		
社　　址	北京市海淀区圆明园西路 2 号	邮政编码	100193
电　　话	发行部 010-62818525,8625	读者服务部	010-62732336
	编辑部 010-62732617,2618	出 版 部	010-62733440
网　　址	http://www.cau.edu.cn/caup	E-mail	cbsszs @ cau.edu.cn
经　　销	新华书店		
印　　刷	北京鑫丰华彩印有限公司		
版　　次	2017 年 4 月第 1 版　2020 年 4 月第 4 次印刷		
规　　格	787×1 092　32 开本　5.875 印张　110 千字		
定　　价	14.00 元		

图书如有质量问题本社发行部负责调换

内容提要

　　本书内容覆盖动物医师、防疫员、化验员等就业岗位相对应的基本技能,设置了临床诊断、病理剖检诊断、实验室诊断、影像学诊断、给药技术等章,培养独立临床诊断疾病的能力,实验室检验能力,使用仪器及图像解读能力,兽医治疗能力等。本书内容简明而又具有实用价值,融理论知识于实践操作中,为农民朋友的生产实践提供有益的借鉴和指导。

编写人员

主　编　王昆朋

参　编　郑印焕　毛治安　何国新
　　　　杜　娟　陈　雨　谷文峰

总　　序

　　把从业农民招进校门,把教室设在田间地头、果园、畜舍,把课堂办在离农民最近的地方,实行"农学交替",让农民朋友能够边学习、边生产、边创业,在学习中不断提升实践技能,将农民朋友培养成有文化、懂技术、会经营的农村实用型人才。在国家改革发展示范校的建设中,我校将这种培养模式确定为"送教下乡"人才培养模式。这样既符合职业学校"人人教育、终身教育"的办学理念,又符合中等职业学校"为生产、服务、管理第一线培养实用人才"的人才培养目标定位。

　　随着"送教下乡"教学工作的有序进行,我们发现给从业农民使用的国家统编教材课程内容追求理论知识的系统性和完整性,所涉及的知识理论性强,并且过深、过难;教材更新周期过长,知识更替缓慢,课程内容不能及时反映新技术、新工艺、新设备、新标准、新规范的变化,所学技能落后于当前农业生产实际。统编教材与农民朋友生产需求相差甚远,严重影响了"送教下乡"农民朋友学习的积极性。因此,为了满足教学的需要,我们根据农民朋友知识结构和生产项目等的特殊性,进行深入的调研,编写了这套《现代农业实用技术系列丛书》,共八册。

　　本套丛书从满足农民朋友生产需求,促进农民朋友发展的角度,在内容安排上,充分考虑农民朋友急需的技术和知识,突出新品种、新技术、新方法、新农艺的介绍;同时注重理论联系实际,融理论知识于实际操作中,按照农民朋友的知识现状和认知规律,介绍实用技术,突出操作技能的培养。让农民朋友带着项目选专业,带着问题学知识,真正达到"边学边做、理实一体"的学习目标。

　　由于农业技术不断发展和革新,加之编者对农业职教理念的理解不一,本套丛书不可避免地存在不足之处,殷切希望得到各界专家的斧正和同行的指点,以便我们改进。

　　本套丛书的正式出版得到了蒋锦标、刘瑞军、苏允平等职教专家的悉心指导,以及农民专家徐等一的经验传授。同时,也得到了中国农业大学出版社以及相关行业企业专家和有关兄弟院校的大力支持,在此一并表示感谢!

抚顺市农业特产学校

2016 年 10 月

前　　言

　　《兽医临床诊疗技术》是根据养殖场、饲料厂、兽药厂、动物医院等技术领域职业岗位的任职要求，按照职业岗位对兽医专业知识、技能、素质的要求整合，强调内容的应用性、基础性与综合性，突出专业技能与职业能力的培养，并与行业和企业深度融合，是广大农民朋友提升实践技能，进行生产创业，更新技术，规范操作技能的重要参考书。

　　本书内容覆盖动物医师、防疫员、化验员等就业岗位相对应的基本技能，设置了临床诊断、病理剖检诊断、实验室诊断、影像学诊断、给药技术等章，培养农民朋友独立临床诊断疾病的能力，实验室检验能力，使用仪器及图像解读能力，兽医治疗能力等。本书内容简明而又具有实用价值，融理论知识于实践操作中，为农民朋友的生产实践提供有益的借鉴和指导。

　　由于各位编者工作资历或诊疗条件不同，书中如有遗漏或不当之处，敬请广大读者提出宝贵意见。

编　者

2016 年 11 月

目　录

第一章　动物体征检查

【知识目标】

掌握体温测定方法、体温变化的生理和病理意义,并熟记常见动物正常体温。掌握呼吸数的测定方法、呼吸数变化的生理和病理意义,并熟记常见动物正常呼吸数。掌握眼结膜的检查方法、眼结膜的病理变化和诊断意义。掌握不同动物常规检查的浅表淋巴结,掌握各浅表淋巴结的检查方法、浅表淋巴结的病理变化和诊断意义。

【技能目标】

体温和呼吸数的检查及临床应用。眼结膜和浅表淋巴结的检查及临床应用。

第一节　体温的测定

【应用范围】

各种动物疾病的临床检查,特别是传染病以及炎症的临床诊断。

【用具准备】

保定绳、体温计、酒精棉、手套等。

【检查内容】

先甩动体温计至 35℃以下,用酒精棉消毒并涂以润滑剂,保定被检动物。测温时,检查者站在动物的左后方,以左手提起其尾根部并稍推向对侧,右手持体温计经肛门慢慢捻转插入直肠中,再将线绳拉紧,夹子夹于尾部被毛上(图 1-1、图 1-2),经 3~5 分钟后取出,用酒精棉球擦除粪便后读数。用后再甩下水银柱并放入消毒瓶内消毒备用。

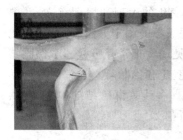
图 1-1　牛体温测定

图 1-2　猪体温测定

【正常体温】

常见健康动物正常体温变动范围见表 1-1。

表 1-1　常见健康动物正常体温变动范围　　　　　℃

动物种类	变动范围	动物种类	变动范围
黄牛、乳牛	37.5~39.5	兔	38.0~39.5
马	37.5~38.5	成年犬	37.5~39.0
绵羊、山羊	38.0~40.0	幼龄犬	38.2~39.2
猪	38.0~39.5	猫	38.1~39.2
鹿	38.0~39.0	禽类	40.0~42.0

【诊断意义】

1.体温升高

病畜体温升高多是传染病指征之一,一般炎性疾病如胃肠炎、肺炎、胸膜炎、腹膜炎、子宫内膜炎等体温可能升高,风湿症、无菌手术后体温也一时性升高。

2.体温降低

见于重度营养不良、严重的贫血、大失血、内脏破裂、休克、中毒和某些脑病,长期瘫痪、频繁下痢的病畜其直肠温度偏低,老龄家畜的体温偏低。明显的低体温,同时伴有发绀、末梢厥冷、高度沉郁、心脏微弱、脉搏弱不感手,多提示预后不良。

【注意事项】

(1)体温计在用前应进行检查以防有过大的误差。

(2)对门诊病畜,应使其适当休息并安静后再测体温。

(3)测温时要注意人畜安全,体温计的玻璃棒插入的深度要适宜,大动物可插入其全长的2/3,中小动物插入全长的1/2左右。

(4)注意避免产生误差,用前须甩下体温计的水银柱,测温的时间要适当,勿将体温计插入宿粪中;对肛门松弛的母畜,可测阴道温度,通常阴道温度较直肠温度稍低。

第二节　呼吸数的测定

【应用范围】

应用于动物呼吸道疾病的临床诊断。

【用具准备】

保定设备、听诊器等。

【检查内容】

测定每分钟的呼吸次数，以次/分表示。根据胸腹部起伏动作而测定，检查者站在动物的侧方，注意观察其腹胁部的起伏，一起一伏为一次呼吸。在寒冷季节也可观察呼出气流（图 1-3）、动物鼻翼的活动或将手放在鼻前感知气流来测定。也可用听诊器听取气管每分钟的呼吸数（图 1-4）。鸡的呼吸数可观察肛门下部羽毛的起伏动作来测定。测定呼吸数时，应检测一分钟，应在动物休息、安静时检测。

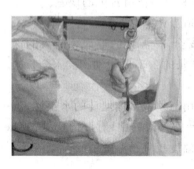

图 1-3　观察牛呼出气流　　　　图 1-4　用听诊器听取呼吸数

【正常呼吸数】

常见健康动物正常呼吸数变动范围见表 1-2。

表 1-2　常见健康动物正常呼吸数变动范围　　次/分

动物种类	变动范围	动物种类	变动范围
黄牛、乳牛	10～30	鹿	15～25
水牛	10～50	兔	50～60
骡、马	8～16	猫	10～30
绵羊、山羊	12～30	犬	10～30
猪	18～30	禽类	15～30
骆驼	6～15		

【病理变化】

1. 呼吸数增多

见于呼吸系统疾病、多数发热性疾病、心力衰竭、贫血、失血性疾病、某些中毒、中枢神经兴奋性增高的疾病以及剧烈疼痛性疾病。

2. 呼吸数减少

见于引起颅内压显著升高的疾病，如慢性脑室积水、猪的伪狂犬病；某些中毒病及重度代谢紊乱等。呼吸数的显著减少并伴有呼吸类型与节律的改变，提示预后不良。

第三节　眼结膜的检查

【应用范围】

用于牛、羊、猪、犬、猫等常见动物的贫血、中毒、热性病检查等。

【用具准备】

保定绳、手套等。

【检查内容】

先观察眼睑有无肿胀、外伤及眼分泌物的数量、性质。然后打开眼睑进行检查。牛检查时主要观察巩膜的颜色及其血管情况，检查时一手握牛角，另一手握住其鼻中隔或鼻环并用力扭转其头部，可使巩膜露出，进行观察；也可用两手握牛角并向一侧扭转，使牛头偏向侧方，进行观察；也可一手握其鼻中隔，另一手的拇指与食指将上下眼睑拨开，露出结膜进行观察。羊、猪和犬等小动物检查时用两手拨开上下眼睑即可观察结膜。见图1-5。

【眼结膜正常状态】

牛的眼结膜颜色较马的稍淡，但水牛的则较深；猪眼结膜呈粉红色；健康马、羊、犬、猫的眼结膜均呈淡红色，猫的比犬的要深些。

【病理变化】

一、结膜肿胀

由于结膜及结膜下炎性渗出浸润，或结膜瘀血，或血液稀薄渗出引起。由炎性渗出引起的肿胀（图1-6）同时伴有羞明流泪和热痛反应，主要见于结膜炎、周期性眼炎、流感、猪瘟和水肿病；由瘀血或血液稀薄造成的肿胀无热痛反应，主要见于贫血、肾炎和寄生虫病。

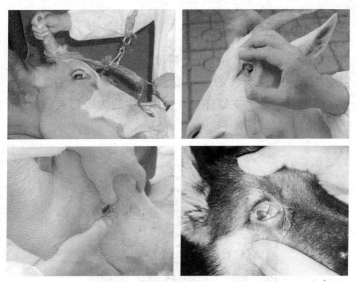

图 1-5 动物巩膜、结膜检查

图 1-6 猪的结膜肿胀

二、分泌物增多

根据分泌物性状不同,分浆液性、黏液性和脓性。临床上应注意的是两侧性的为全身性疾病,如流感、猪瘟、犬瘟热、仔猪副伤寒、羊支原体肺炎;一侧性的为眼部疾病,如结膜炎、角膜炎等(图 1-7)。

图 1-7　犬的眼分泌物增多

三、结膜颜色变化

1. 潮红

结膜下毛细血管充血的象征,除反映眼部病变外,主要反映机体的血液循环状态。单眼潮红多是结膜炎引起的(图1-8),双眼潮红则标志着全身循环障碍。

2.苍白

结膜色淡呈灰白色,是贫血的象征(图1-9)。迅速发生苍白,见于大失血及内出血。逐渐发生苍白,可见于慢性失血和营养不良性、再生障碍性、溶血性贫血等疾病过程中。

图1-8　犬单眼潮红　　　　　图1-9　犬结膜苍白

3.黄染

眼结膜呈黄色,是血液中胆红素浓度增高的象征。主要是由于胆色素代谢障碍,使胆红素形成过多或排出障碍,大量胆红素蓄积在体内,使皮肤、黏膜、浆膜及实质器官被染成黄色。常见于肝病、溶血性疾病及胆道阻塞等。

4.发绀

结膜呈蓝紫色,是血液中还原血红蛋白增多的结果。见于高度吸入性呼吸困难和肺呼吸面积显著减少的疾病,如肺炎、胸膜炎、心脏瓣膜病、心包炎、心脏衰弱和某些中毒性疾病。

5. 出血

结膜上呈现出血点或出血斑,是因血管受到毒素作用使其通透性增大所致。可见于梨形虫病等。

【注意事项】

(1)检查眼结膜时最好在自然光线下进行,因为红光下对黄色不易识别。

(2)检查时动作要快,且不宜反复进行,以免引起充血而误判。

(3)两侧眼结膜应进行对照检查。

第四节　浅表淋巴结的检查

【应用范围】

用于牛、马、羊、猪等常见动物的传染病检查等。

【用具准备】

保定绳,柱栏,手套,实验用猪、马、牛、羊等。

【检查内容】

牛常检查下颌、肩前、膝上、腹股沟、乳房上淋巴结;猪可检查腹股沟淋巴结;犬、猫可检查下颌、耳下、肩前、腹股沟淋巴结等。常用的检查方法有视诊、触诊,必要时配合进行穿刺检查。检查时注意其位置、大小、形状、硬度、敏感性及活动性。

一、牛浅表淋巴结检查

术者站于牛头部一侧,一手握其鼻中隔或鼻环,另一手于其下颌支内侧触诊下颌淋巴结(图1-10)。术者站于动物颈部一侧,用一手于肩关节前方、臂头肌的深层触诊肩前淋巴结(图1-11)。术者站于动物一侧,一手按在脊柱作支点,另一手平伸于膝关节上方触诊膝上淋巴结。

图1-10　牛下颌淋巴结检查　　图1-11　牛肩前淋巴结检查

二、羊浅表淋巴结检查

术者站于羊头部一侧,一手握其角根,另一手于其下颌支内侧触诊下颌淋巴结(图1-12)。术者站于羊颈部一侧,用一手于肩关节前方、臂头肌的深层触诊肩前淋巴结(图1-13)。术者站于羊一侧,一手按在背部作支点,另一手平伸于膝关节上方触诊膝上淋巴结。

图 1-12　羊下颌淋巴结检查

图 1-13　羊肩前淋巴结检查

【诊断意义】

1. 急性肿胀

明显肿大,表面光滑,伴有明显的热痛反应。牛结核病、牛泰勒氏焦虫病全身淋巴结可呈急性肿胀,猪瘟、猪丹毒可引起腹股沟淋巴结肿胀。

2. 慢性肿胀

淋巴结肿大、坚硬、表面凹凸不平,与周围组织粘连而失去移动性,无热痛反应。常见于牛慢性结核病,还可见于淋巴结周围组织的慢性炎症过程中。

3. 化脓性肿胀

淋巴结肿胀,有热痛反应,触诊有波动感,穿刺可吸出脓汁。

【本章小结】

体温和呼吸数的相关变化,常是平行的、一致的。眼结膜颜色的变化,不仅反映其局部病变,且可推断全身的循环状态及血液某些成分的改变,对于诊断和预后均具有重要意义,要在实践中加以重视。淋巴结在确定感染或诊断某些传染病上具有重要意义,所以在诊疗实践中应加以重视。浅表淋巴结主要通过视诊、触诊进行检查,必要情况下,需配合进行穿刺检查。

【复习思考题】

1. 简述体温测定方法和注意事项。

2. 简述体温变化的生理和病理意义。

3. 简述不同动物脉搏数的测定方法和注意事项。

4. 简述脉搏变化的生理和病理意义。

5. 简述呼吸数的测定方法和注意事项。

6. 简述呼吸数变化的生理和病理意义。

7. 不同健康动物眼结膜颜色各有何特点?

8. 病理性眼结膜颜色有哪些?

9. 简述眼结膜病理变化的诊断意义。

10. 简述临床上浅表淋巴结的检查方法。

11. 简述浅表淋巴结的主要病理变化和诊断意义。

第二章　心血管系统检查

【知识目标】

掌握心脏听诊的方法和注意事项,熟悉听诊器的使用。掌握心音听诊的内容,如心音的频率、强度、性质、节律以及是否有心杂音等。

【技能目标】

通过心音的听诊诊断心脏疾病。测定动物脉管变化和测定血压。

第一节　心脏的检查

【应用范围】

用于常见动物的心肌炎、渗出性心包炎、渗出性胸膜炎、胸腔积水、心包积水检查等。

【用具准备】

保定绳,听诊器,柱栏,手套,实验用猪、马、牛、羊等。

【检查内容】

一、心搏动的视诊与触诊

(一)检查部位

动物取站立姿势,左前肢向前迈半步,肘头后上方即心

区。马在第 3～6 肋间,第 5 肋间胸廓下 1/3 的中央处最明
显;牛、羊在肩端线下 1/2 部的第 3～5 肋间,在第 4 肋间最
明显(肘突内);犬在第 4～6 肋间的胸廓下 1/3 处,第 5 肋间
最明显。

(二)检查方法

检查者站在动物左侧方,视诊时,仔细观察左侧肘后心
区被毛及胸壁的振动情况;视诊一般看不清楚,所以多用触
诊。触诊时,检查者一手放在动物的鬐甲部,用另一手的手
掌,紧贴在动物的左侧肘后心区,注意感知胸壁的振动,主要
判定其频率及强度。犬等小动物由助手将左前肢上举或前
提,检查者将左手掌置于心脏部;或用两手掌抱住动物左右
两胸侧,两手同时进行检查。

(三)病理变化

1. 心搏动增强

见于发热病的初期、伴有剧烈疼痛性的疾病、轻度的贫
血、心脏的代偿期及病理性心肥大。

2. 心搏动减弱

见于心脏的代偿障碍期、病理性原因引起的胸壁肥厚和
胸壁与心脏之间的介质状态的改变。

二、心音的听诊

(一)羊心音听诊

1. 听诊部位

左侧心区,第 3～5 肋间,胸壁下 1/3。

2.操作方法

助手将动物站立保定,使其左前肢向前移半步。术者戴上听诊器,半蹲于动物左侧,右手按于动物胸背部作支点。左手持集音头,平放于心区听诊心音。

(二)猪心音听诊

1.听诊部位

左侧心区,第3～6肋间,胸壁下1/3。

2.操作方法

助手将动物站立保定,使其左前肢向前移半步。术者戴上听诊器,半蹲于动物左侧,右手按于动物胸背部作支点。左手持集音头,平放于心区听诊心音(图2-1)。

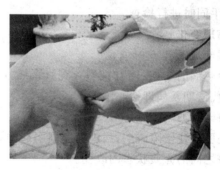

图2-1　猪心音听诊

(三)犬、猫心音听诊

1.听诊部位

左侧心区,第3～6肋间,胸壁下1/3。

2.操作方法

助手将动物站立保定,使其左前肢向前移半步。术者戴上听诊器,右手适当保定犬、猫,左手持集音头,平放于心区听诊心音(图 2-2)。

图 2-2　猫心音听诊

(四)心音特点

心机能正常时,在心脏部听诊,可听到节律类似"嗵—哒、嗵—哒"的两个交替出现的音响。前者为第一心音,后者为第二心音。健康动物的心音特点:

1.牛

黄牛一般心音清晰,尤其第一心音明显,但其第一心音持续时间较短。

2.猪

心音较钝浊,且两个心音的间隔大致相等。

3.犬、猫

心音比其他家畜强,正常时有所谓"胎样心音"。胎样心音是指第一、二心音的强度一致,两心音之间的间隔与下一次心音之间的间隔时间几乎相等,因此难于区别第一、二心音。

区别第一与第二心音时,除根据上述心音的特点外,第一心音产生于心室收缩期中,与心搏动、动脉脉搏同时出现;第二心音产生于心室舒张期,与心搏动、动脉脉搏出现时间不一致。

第二节 血 压 测 定

【应用范围】

用于动物心血管疾病的检查。

【用具准备】

血压计(图 2-3)等。

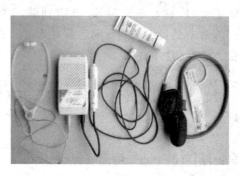

图 2-3 小动物用血压计

【检查内容】

(1)动物适当保定,俯卧或侧卧,使动物舒适放松。检测部位有跖背部、趾部与尾巴腹侧的动脉。

(2)连接好多普勒测量系统,将多普勒探头连接到放大器上(图 2-4),在有外音干扰时,可以连接耳机使用。

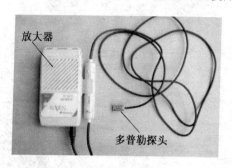

放大器

多普勒探头

图 2-4　多普勒血压计

(3)将犬、猫的前肢或后肢掌侧内的毛剃掉(图 2-5),暴露出掌侧总动脉区。很多犬、猫会对剃毛很不舒服,所以剃毛尽量要快,剃完后要等其平静后再进行测量。

(4)选择袖带。选择袖带的宽度等于前臂或小腿的直径,将袖带和含充气装置的压力计(图 2-6)相连,并检查连接及袖带漏不漏气。将袖带缠绕在肢体上,注意不要过紧和过松。用超声波耦合剂在事先剃毛的掌侧均匀地涂一层,然后再在探头上挤一些耦合剂。

图 2-5　检测部位

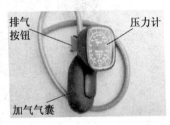

图 2-6　血压计袖带及加气气囊

　　(5)打开探头电源,将探头放于掌侧剃毛处。用拇指固定探头,轻轻滑动以寻找动脉血流声音。只要未发生循环不良,都很容易在放大器上听到动脉血流的声音。听到清楚的声音后,左手拇指固定好探头,不要将探头压得太紧,右手开始给袖带加压。当不再听到声音时再加压 30 毫米汞柱。然后慢慢地放出空气,使压力计指针缓慢下降,注意听,当再次出现动脉血流声音时,压力计指针的读数即为收缩压,也就是我们用间接多普勒测量法测得的血压(图2-7)。用多普勒测量舒张压时,是当测得收缩压后继续缓慢放出袖带内的空气,仔细听,当动脉血流声音突然变大时,压力计的读数即为舒张压。但这一变化极为不明显,对于体型小的犬和猫很难辨别,测得的值偏差较大,所以使用多普勒测量血压时,只需测量收缩压。

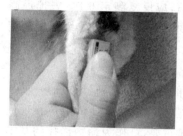

图2-7　血压的测定

(6)每隔2分钟测量一次,一般需测量6次,去掉最高和最低的两个结果,剩下4个求平均值。因为诸多原因,犬、猫的正常血压并没有一个严格的标准。一般认为,当犬的收缩压超过210毫米汞柱,猫的收缩压超过200毫米汞柱时,就诊断为高血压。

【诊断意义】

1.血压升高

见于剧烈疼痛性疾病、热性病、左心室肥大、肾炎、动脉硬化、铅中毒、红细胞增多症、输液过多等。

2.血压降低

见于心功能不全、外周循环衰竭、大失血、慢性消耗性疾病等。

【注意事项】

测定血压时应该注意，动物要保持安静，尽量避免骚动不安，防止肢体移动使袖带内压力发生变化，影响测定结果。为了得到准确度较高的血压值，应反复测定 6 次，去掉最高和最低的两个结果，剩下 4 个求平均值。要求熟练掌握测定方法。

【本章小结】

心脏的检查，尤其是心音的听诊是兽医临床中的一项基本技术，在平时训练中一定要熟练掌握。血压的测定在现代兽医临床诊疗中的作用越来越重要，已作为动物诊疗的基本检查内容。

【复习思考题】

1.当动物发热时，心音的频率、强度、性质、节律发生了怎样的改变？

2.当奶牛发生创伤性心包炎时，心音听诊有何变化？

第三章　呼吸系统检查

【知识目标】

掌握呼吸类型的检查、异常呼吸节律的表现类型和诊断意义、呼吸困难的类型和诊断意义。掌握鼻液的检查，尤其是鼻液的性状改变和诊断意义。了解鼻黏膜、喉、气管的检查和诊断意义。掌握咳嗽的检查方法和诊断意义。掌握胸肺的叩诊和听诊方法及诊断意义。

【技能目标】

进行呼吸运动的检查、鼻液性状的检查。各种动物肺叩诊区的界定和叩诊。肺区的听诊。

第一节　呼吸运动的检查

【应用范围】

用于动物呼吸系统疾病的检查。

【用具准备】

听诊器等。

【检查内容】

一、呼吸类型的检查

(一)检查方法

检查者站在病畜的后侧方，观察吸气与呼气时胸廓与腹壁起伏动作的协调性和强度。

(二)诊断意义

1.正常呼吸类型

健康动物的呼吸类型为胸腹式呼吸,即在呼吸时胸壁和腹壁的起伏动作协调一致,强度大致相同,又称混合式呼吸。但犬为胸式呼吸。

2.异常呼吸类型

(1)胸式呼吸　呼吸活动中胸壁的起伏动作特别明显,而腹壁运动微弱。见于腹腔器官疾病,如急性腹膜炎、瘤胃膨气、重度肠膨气和腹壁外伤等。

(2)腹式呼吸　呼吸活动中腹壁的起伏动作特别明显,而胸壁活动微弱。见于胸腔器官疾病,如肺气肿、胸膜炎、胸腔积液、肋骨骨折等。

二、呼吸节律的检查

(一)检查方法

检查者站在病畜的侧方,观察每次呼吸动作的强度、间隔时间是否均等。

(二)诊断意义

健康家畜在吸气后紧随呼气,经短时间休止后,再行下次呼吸。每次呼吸的间隔时间和强度大致相等,即呼吸节律正常。

病理性呼吸节律有陈-施二氏呼吸(由浅到深再至浅,经暂停后复始),毕欧特氏呼吸(深大呼吸与暂停交替出现)、库斯茂尔氏呼吸(呼吸深大而慢,但无暂停)。

三、呼吸对称性的检查

(一)检查方法

检查者立于病畜正后方,对照观察两侧胸壁的起伏动作强度是否一致。

(二)诊断意义

健康家畜呼吸时,两侧胸壁起伏动作强度完全一致。病畜可见两侧不对称性的呼吸动作。见于单侧性胸部疾病,如一侧性胸膜炎、一侧肋骨骨折和一侧气胸等。

四、呼吸困难的检查

(一)检查方法

观察病畜鼻翼的扇动情况及胸、腹壁的起伏和肛门的抽动现象,注意头颈、躯干和四肢的状态和姿势,并听取呼吸喘息的声音。

(二)诊断意义

健康家畜呼吸时,自然而平顺,动作协调而不费力,呼吸数相对正常,节律整齐,肛门无明显抽动。

呼吸困难时,呼吸异常费力,呼吸数有明显改变(增或减),辅助呼吸肌参与呼吸运动。表现如下特征:

1. 吸气性呼吸困难

特征是吸气用力,吸气时间显著延长,辅助吸气肌参与活动,常伴发特异的吸入性狭窄音(口哨音)。病畜头颈平伸、鼻翼开张、四肢广踏、胸廓扩展,严重者张口吸气,是上呼吸道狭窄的特征。见于鼻腔狭窄、喉水肿、血斑病、猪传染性萎缩性鼻炎、鸡传染性喉气管炎等。

2. 呼气性呼吸困难

特征是呼气用力,呼气时间显著延长,辅助呼气肌参与活动,多呈二重呼吸,高度呼吸困难时可见沿肋骨弓形成凹陷的喘线及肛门一出一入形成的肛门运动等。是肺组织弹性减弱和细支气管狭窄,肺泡内气体排出困难的特征。见于急性细支气管炎、慢性肺气肿和胸膜肺炎等。

3. 混合性呼吸困难

特征是吸气和呼气均发生困难,同时伴有呼吸数的增加,吸气和呼气鼻孔均扩张。是由于呼吸面积减少,气体交换不全,血中二氧化碳浓度增高,引起呼吸中枢兴奋的结果。主要见于肺和胸膜疾患、肺循环障碍、贫血、亚硝酸盐中毒、脑部疾病等。

第二节　　上呼吸道的检查

【应用范围】

用于动物呼吸系统疾病的检查。

【用具准备】

听诊器、开鼻器等。

【检查内容】

一、呼出气体的检查

(一)检查方法

观察两侧鼻翼的扇动和呼出气流的强度,嗅诊呼出气及鼻液有无特殊气味。如怀疑传染病,如鼻疽、结核等时,检查者应戴口罩,做好防护。

(二)诊断意义

1.健康家畜

呼出气流均匀,无异常气味,稍有温热感。

2.病畜

可见两侧气流不等或有恶臭、尸臭味和热感。呼出气有难闻的腐败气味,见于上呼吸道或肺脏的化脓性或腐败性炎症、肺坏疽、霉菌性肺炎等;呼出气有酮臭气味,见于反刍兽酮血病。

二、鼻液的检查

(一)检查方法

先观察动物有无鼻液,对鼻液应注意其数量、颜色、性状、混杂物及一侧性或两侧性。

(二)诊断意义

健康家畜一般无鼻液,气候寒冷季节有些动物可有微量浆液性鼻液,马常以喷鼻和咳嗽的方式排出,牛则常用舌舔去和咳出;若有大量鼻液流出,则为病理特征。

1. 鼻液的量

主要取决于疾病发展时期、程度及病变性质和范围。

（1）多量　主要见于急性呼吸道疾病的中、后期。如急性鼻炎、急性咽喉炎、急性支气管炎、急性支气管肺炎、肺坏疽、大叶性肺炎的溶解期和某些侵害呼吸道的传染病，如流行性感冒、犬瘟热等。

（2）少量　表明病变局部、慢性。见于急性呼吸道炎症的初期和慢性呼吸道疾病。如上呼吸道炎症、急性支气管炎及肺炎的初期；慢性支气管炎、鼻疽及肺结核等。

（3）不定量　鼻液量时多时少。在诊断上有特殊的意义，自然站立时有少量鼻液，运动后或低头采食时有大量鼻液流出。见于额窦炎、颌窦炎、副鼻窦炎和喉囊炎，肺脓肿、肺坏疽和肺结核。

2. 鼻液排出部位的检查

判断是一侧性或双侧性鼻液。一侧性见于一侧性鼻炎、一侧性副鼻窦炎、一侧性喉囊炎。双侧性见于双侧性鼻炎及喉以下的呼吸道炎症如支气管炎、肺炎等。

3. 鼻液的性状

一般在呼吸道炎性疾病经过中，鼻液开始为浆液性，逐渐变为黏液性和脓性，最后渗出物停止而愈。具体可分为：

（1）浆液性鼻液　鼻液无色透明，稀薄如水。鼻液中含有少量白细胞、上皮细胞和黏液。见于急性呼吸道炎症的初期、流行性感冒等。

（2）黏液性鼻液　鼻液黏稠，呈灰白色。鼻液中含有多量黏液、脱落的上皮细胞和白细胞，呈牵缕状。见于呼吸道黏膜急性炎症的中期。

（3）脓性鼻液　鼻液黏稠混浊，呈黄色或黄绿色。鼻液中含有多量中性粒细胞和黏液。常见于呼吸道黏膜急性炎症的后期及副鼻窦炎、马鼻疽、肺脓肿破裂等。

（4）腐败性鼻液　鼻液污秽不洁，呈褐色或暗褐色。鼻液中含有腐败坏死组织，有恶臭和尸臭味。是腐败性细菌作用于组织的结果。见于马腺疫、肺坏疽和腐败性支气管炎等。

（5）血性鼻液　鼻液内混有血丝或血块，颜色鲜红，见于鼻腔出血；颜色粉红或鲜红，并且混有气泡，见于肺出血、肺坏疽、败血症。

（6）铁锈色鼻液　见于大叶性肺炎及传染性胸膜肺炎。

4.鼻液中混杂物的检查

（1）细小泡沫样物（混有气泡）　白色或粉红色细小泡沫样鼻液见于肺水肿；鲜红细小泡沫样鼻液见于肺出血。

（2）饲料、唾液样鼻液　鼻液混有饲料碎片和唾液见于咽和食管疾病，如咽炎、食道阻塞。

（3）呕吐物样鼻液　鼻液中混有酸臭的呕吐物，呈酸性反应，见于重症急性胃扩张、幽门痉挛、十二指肠便秘和小肠变位等胃肠疾病。

（4）寄生虫　肺线虫、蛔虫、蚂蟥等。

三、鼻黏膜的检查

(一)检查方法

1.马

(1)单手开鼻法　一手托住下颌并适当高举马头部,另一手以拇指和中指捏住鼻翼软骨,略向上翻,同时用食指挑起外侧鼻翼,鼻黏膜即可显露。

(2)双手开鼻法　以双手拇、中二指分别捏住鼻翼软骨和外鼻翼,并向上向外拉,则鼻孔可扩开。

2.其他家畜

将病畜头抬起,使鼻孔对着阳光或人工光源,即可观察鼻黏膜。在小动物可用开鼻器。

(二)诊断意义

病理情况下,鼻黏膜的颜色有发红、发绀、发白、发黄等变化。常见的有潮红肿胀、出血斑、结节、溃疡、瘢痕。有时也见有水疱、肿瘤。马鼻疽时则见有火山口状溃疡或星芒状瘢痕。

(三)注意事项

应作适当保定,注意防护,以防感染。使鼻孔对光检查,重点注意鼻黏膜颜色,有无肿胀、溃疡、结节、瘢痕等。健康马鼻黏膜为淡红色,深部呈淡蓝红色,湿润而有光泽。其他健康家畜的鼻黏膜为淡红色,但有些牛鼻孔周围的鼻黏膜有色素沉着。

四、喉和气管的检查

(一)检查方法

外部视诊,注意有无肿胀等变化;检查者站在家畜的前侧,一手执笼头,一手于喉头和气管的两侧进行触压,判定其形态及肿胀的性状;也可在喉和气管的腹侧,自上而下听诊。健康家畜的喉和气管外观无变化;触诊无疼痛;听诊有类似"赫赫"的声音。

(二)诊断意义

病理情况下可见有喉和气管区的肿胀,有时有热痛反应,并发咳嗽;听诊时有强烈的狭窄音、哨音、喘鸣音。对小动物和禽类还可作喉的内部直接视诊。检查者将动物头略为高举,用开口器打开口腔,用压舌板下压舌根,对光观察;检查鸡的喉部时,将头高举,在打开口腔的同时,用揑肉髯手的中指向上挤压喉头,则喉腔即可显露。注意观察黏膜的颜色,有无肿胀物和附着物。

五、咳嗽的检查

(一)检查方法

1. 直接观察法

直接观察患病动物自发性咳嗽。可向畜主询问有无咳嗽,并注意听取其自发咳嗽,辨别是经常性还是阵发性,干咳或湿咳,有无疼痛、鼻液等伴随症状。

2.人工诱咳法

作人工诱咳以判定咳嗽的性质。

(1)牛的人工诱咳法　用多层湿润的毛巾掩盖或闭塞鼻孔一定时间后迅速放开,使之深呼吸则可出现咳嗽。应该指出,患有严重的肺气肿、肺炎、胸膜炎合并心机能紊乱者慎用。

(2)小动物诱咳法　经短时间闭塞鼻孔或捏压喉部、叩击胸壁均能引起咳嗽。犬在咳嗽时有时引起呕吐,应注意以免重视了呕吐而忽视了咳嗽。

(二)诊断意义

在病理情况下,可发生经常性的剧烈咳嗽,其性质可表现为:干咳、湿咳、痛咳,甚至痉挛性咳嗽等。

1.干咳

呼吸道内无分泌物或仅有少量黏稠的分泌物时发生。其特征是咳嗽无痰,咳声干而短,见于慢性支气管炎、急性支气管炎的初期和胸膜炎。

2.湿咳

呼吸道内积有多量稀薄的渗出物时发生。其特征是咳嗽有痰,咳声钝浊,湿而长。见于急性咽喉炎、支气管炎及支气管肺炎等。

3.痛咳

咳嗽伴疼痛。其特征是咳嗽短而弱,患畜伸颈摇头,前肢刨地,尽力抑制咳嗽,且有呻吟和惊慌现象。见于急性喉炎、胸膜炎和异物性肺炎等。

第三节　胸、肺的检查

【应用范围】

用于动物肺炎、肺脓肿、肺结核等疾病的检查。

【用具准备】

听诊器、叩诊槌、叩诊板等。

【检查内容】

一、胸、肺的视诊

主要观察呼吸状态;胸廓的形状和对称性;胸壁有无损伤、变形;肋骨与肋软骨结合处有无肿胀或隆起;肋骨有无变化,肋间隙有无变宽或变窄,凸出或凹陷现象;胸前、胸下有无浮肿等。

健康家畜呼吸平顺,胸廓两侧对称,脊柱平直,胸壁完整,肋间隙的宽度均匀。病理情况下:胸廓向两侧扩大,桶状胸,见于慢性肺气肿。胸廓狭小,扁平胸,见于发育不良或骨软病。还可见胸廓单侧性扩大或塌陷,肋间隙变宽或变狭窄,胸下浮肿或其他损伤。

二、胸、肺部的触诊

触诊胸壁判断其敏感性,胸壁或胸下有无浮肿、气肿,胸壁有无震颤,并注意肋骨有无变形或骨折。如动物表现回视、躲闪、反抗,是胸壁敏感反应,主要见于胸膜炎及肋骨骨折;纤维素性胸膜炎时,可感知胸壁震颤。幼畜的各条肋骨与肋软骨结合处呈串珠状肿胀,是佝偻病的特征;鸡的胸骨嵴弯曲、变形,提示钙缺乏;肋骨变形,有折断痕迹或有骨折、骨瘤,可提示骨软症及氟骨病。

三、胸、肺的叩诊

(一)检查方法

1.肺叩诊区(牛肺叩诊区)

背界:肩胛骨后角引向髋结节内角的直线,止于第11肋间隙。

前界:由肩胛骨后角沿肘肌向下画一类似S形的曲线,止于第4肋间隙下端。

后界:由第12肋骨与脊柱交界处开始斜向前下方引一弧线,经髋结节水平线与第11肋间隙交点,肩关节水平线与第8肋间隙交点,止于第4肋间隙下端。

此外,在瘦牛的肩前1~3肋间隙尚有一狭窄的叩诊区(肩前叩诊区)。

绵羊和山羊肺叩诊区与牛基本相同,但无肩前叩诊区。

2.叩诊方法

选择大小适宜的叩诊板,沿肋间隙纵放,先由前至后,再自上而下进行叩诊。听取声音同时注意观察动物有无咳嗽、呻吟、躲闪等反应性动作(图3-1)。

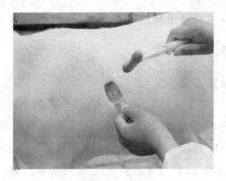

图 3-1　羊的叩诊

(二)诊断意义

1. 正常肺区叩诊音

(1)大家畜一般为清音,以肺的中 1/3 最为清楚;而上 1/3 与下 1/3 声音逐渐变弱。而肺的边缘则近似半浊音。

(2)健康小动物的肺区叩诊音近似鼓音。

2. 胸、肺叩诊的病理性变化

(1)胸部叩诊可能出现疼痛性反应,表现为咳嗽、躲闪、回视或反抗。

(2)肺叩诊区的扩大或缩小。

(3)出现浊音、半浊音、水平浊音、过清音、鼓音、破壶音、金属音等异常叩诊音。散在性浊音区,提示小叶性肺炎。成片性浊音区,提示大叶性肺炎。水平浊音,主要见于渗出性胸膜炎或胸腔积水。过清音,见于小叶性肺炎实变区的边缘、大叶性肺炎的充血期与吸收期,亦可见于肺疾患时的代偿区。鼓音主要见于肺泡气肿和气胸。

四、胸、肺的听诊

(一)检查方法

听诊时,应先从呼吸音较强的部位即胸廓的中部开始,然后依次听取肺区的上部、后部和下部。牛尚可听取肩前区。听诊点间间隔 3～4 厘米,在每点上至少听取 2～3 次呼吸,且须注意听诊音与呼吸活动之间的联系。对可疑病变与对侧相应部位对比听诊判定。如呼吸音微弱,可给以轻微的运动后再行听诊,使其呼吸动作加强,以利于听诊。注意呼吸音的强度、性质及病理性呼吸音的出现。见图 3-2、图 3-3和图 3-4。

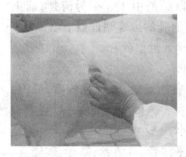

图 3-2　羊胸、肺听诊

图 3-3　犬胸、肺听诊

(二)正常呼吸音

健康家畜可听到微弱的肺泡呼吸音,在吸气阶段较清

图3-4　猫胸、肺听诊

楚,如"呋"、"呋"的声音。整个肺区均可听到,但以肺区中部最为明显。动物中,马的肺泡音最弱;牛、羊较明显,水牛甚微弱;幼畜比成年家畜略强。除马属动物外,其他动物尚可听到支气管呼吸音,在呼气阶段较清楚,如"赫"、"赫"的声音,但并非纯粹的支气管呼吸音,而是带有肺泡呼吸音的混合呼吸音。牛在第3～4肋间肩端线上下可听到混合呼吸音。绵羊、山羊和猪的支气管呼吸音大致与牛相同。犬在整个肺区都能听到明显的支气管呼吸音。

(三)病理呼吸音

在病理情况下,可见肺泡呼吸音的增强或减弱,甚至局部消失。还可听见病理性呼吸音或附加音,如病理性支气管呼吸音,混合性呼吸音("呋"—"赫"),湿啰音(似水泡破裂音,以吸气末期较为明显),干啰音(似哨音、笛音),胸膜摩擦音(似沙沙声,粗糙而断续,紧压听诊器时明显增强,常出现于肘后),拍水音,捻发音,空瓮音。

【本章小结】

当动物患呼吸系统疾病时,通过呼吸运动的检查、上呼吸道的检查、咳嗽的检查,一方面可以帮助我们确定发病部位,另一方面也是了解病情的重要手段。胸、肺的检查是诊断胸、肺是否发生病变的基本手段之一,在兽医临床上常用。胸、肺是否发生病变,除了可借助叩诊、听诊等基本检查方法外,目前也可用 X 线进行确诊。

【复习思考题】

1.当动物患流行性感冒时,鼻的检查可发现有何变化?

2.怎样进行人工诱咳?

3.胸、肺病理性叩诊音的种类和诊断意义如何?

4.肺泡呼吸音和支气管呼吸音有何不同?

第四章　消化系统检查

【知识目标】

掌握各种动物的开口法,以及口腔检查的方法。熟悉咽和食管的检查方法。掌握各种动物腹部的检查方法,重点掌握反刍动物前胃和皱胃的检查方法和诊断意义。

【技能目标】

动物的口腔检查及开口法。反刍动物瘤胃、网胃、瓣胃、皱胃的检查方法。

第一节　口腔、咽、食管的检查

【应用范围】

用于动物口炎等疾病的检查。

【用具准备】

开口器、胃管等。

【检查内容】

一、口腔的检查

注意流涎,气味,口唇黏膜的温度、湿度、颜色及完整性,舌和牙齿的变化。

(一)开口法

1.牛的徒手开口法

检查者站在牛头侧方,先用手轻轻拍打牛的眼睛,在牛闭眼的瞬间,以一手的拇指和食指从两侧鼻孔同时伸入并捏住鼻中隔向上提举,再用另一手伸入口中握住舌体并拉出,口即张开(图 4-1)。

图 4-1　牛的徒手开口法

2.羊的徒手开口法

用一手拇指与中指由颊部捏握上颌,另一手拇指及中指由左、右口角处握住下颌,同时用力上下拉即可开口,但应注意防止被羊咬伤手指。

3.犬、猫的开口法

犬的开口法:助手握紧前肢,检查者右手拇指置于上唇左侧,其余四指置于上唇右侧,在握紧上唇的同时,用力将唇部皮肤向下内方挤压;用左手拇指与其余四指分别置于下唇的左、右侧,用力向内上方挤压唇部皮肤。左、右手用力将上、下腭向相反方向拉开即可,必要时用金属开口器打开口腔。

　　猫的开口法:助手握紧前肢,检查者两手将上、下腭分开即可。

(二)诊断意义

1.口腔气味

　　健康家畜无特殊气味,有饲料气味。口腔臭味见于口腔炎症、热性病、肠便秘、胃扩张,口腔腥臭味见于牙槽脓肿,口腔烂苹果味见于酮血症,口腔尿味见于尿毒症。

2.口腔黏膜(图 4-2)

　　口腔黏膜温度升高,见于口炎、胃炎、热性病;温度降低,见于肠痉挛、贫血、虚脱。口腔黏膜湿润,见于炎症、口蹄疫、中毒;黏膜干燥,见于热性病、脱水、腹痛。口腔黏膜苍白见于贫血(图 4-3),潮红见于口炎,黄染见于各型黄疸。有时可见口腔黏膜乳头状瘤。

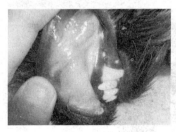

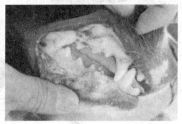

图 4-2　犬口腔黏膜检查　　　图 4-3　犬贫血口腔黏膜苍白

3.舌

　　检查舌苔、舌色和舌的大小、形状、硬度、张力。舌苔正常为淡白色,舌苔灰白见于热性病初期,灰黄见于胃肠炎及引起消化功能紊乱的疾病。

　4.齿(图 4-4、图 4-5)

　(1)牙齿松动　见于矿物质缺乏。

　(2)牙齿呈黄褐色　长期饮用含氟水。

　(3)牙龈水肿　见于慢性牙周炎。

　(4)牙龈出血　见于出血性素质、维生素 C 缺乏。

　(5)牙龈肿瘤　多见于口腔乳头状瘤(图 4-6)。

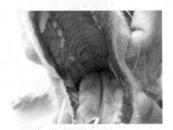

图 4-4　牙齿检查　　　　　图 4-5　犬口腔牙齿检查

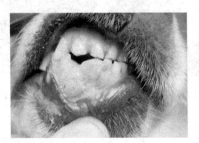

图 4-6　犬牙龈肿瘤

二、咽部的检查

(一)检查方法

应用视诊和触诊。视诊时注意头颈的姿势及咽周围是否肿胀。触诊时,用两手自咽喉部左右两侧加压并向周围滑动,感知其温度、敏感性及肿胀的硬度和特点。见图4-7。

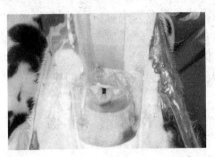

图4-7　犬咽部检查

(二)诊断意义

视诊咽部红肿、充血,触诊肿胀、热感、敏感见于咽炎。局限性肿胀见于传染性疾病,如结核、放线菌病、猪肺疫、炭疽、仔猪链球菌病等。

三、食管的检查

应用视诊、触诊、探诊及 X 线、胃镜检查等方法。

1.视诊

注意吞咽过程、饮食沿食管沟通过的情况及局部是否有肿胀。

2.触诊

检查者两手分别由两侧沿颈部食管沟自上向下加压滑动检查,注意感知是否有肿胀、异物,内容物的硬度,有无敏感反应及波动感等。

3.探诊

根据动物的种类及大小,选择不同口径及相应长度的胃导管,软硬度应适宜。探管应先清洗、消毒液浸泡,涂润滑剂。动物要保定,尤其保定好头部。如须经口探诊时,应加装开口器,大动物及羊一般可经鼻、咽探诊。

第二节　胃的检查

【应用范围】

用于牛、羊瘤胃积食、瘤胃臌气、创伤性网胃心包炎、瓣胃阻塞等疾病检查。

【用具准备】

听诊器、木棍、牛、羊等。

【检查内容】

一、瘤胃检查

(一)检查方法

1.视诊

牛柱栏内保定,术者站在牛的正后方,观察左腹部的突起情况。

2.触诊

检查者站在动物的左腹侧,右手放于动物背部,左手可握拳、屈曲手指或以手掌放于左肷部,用力反复触压瘤胃,以感知内容物性状(图4-8)。正常时,似面团样硬度,轻压后可留压痕。随胃壁蠕动可将检手抬起,以感知其蠕动力量并可计算次数,正常时为每2分钟2~5次。

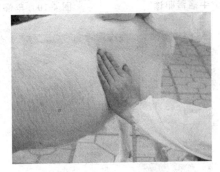

图4-8 羊瘤胃触诊

3.叩诊

用叩诊器在左侧肷部进行直接叩诊,以判定瘤胃内容物的性状(图4-9、图4-10)。正常时瘤胃上部为鼓音,由饥饿窝向下逐渐变为浊音。

4.听诊

用听诊器进行听诊,以判定瘤胃蠕动音的次数、强度、性质及持续时间(图4-11)。

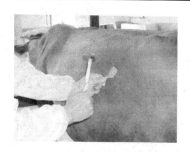

图 4-9　牛瘤胃叩诊

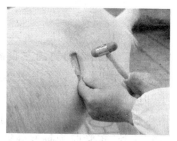

图 4-10　羊瘤胃叩诊

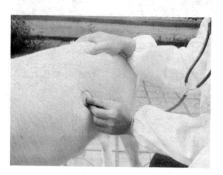

图 4-11　羊瘤胃听诊

正常时,瘤胃随每次蠕动而出现逐渐增强又逐渐减弱的沙沙声,似吹风样或远雷声。

(二)诊断意义

触诊瘤胃内容物坚实,听诊瘤胃蠕动音减弱甚至消失,视诊左肷部膨大,见于瘤胃积食;视诊左肷部明显膨大,叩诊呈鼓音,见于瘤胃臌气。

二、网胃检查

在腹腔的左前下方,相当于第6~8肋间,前缘紧接膈肌与心脏相邻,其后部下侧位于剑状软骨之上。

(一)检查方法

1.触诊

检查者面向动物蹲在左胸侧,屈膝于动物腹下,左手握拳并抵住剑状软骨突起部,然后用力抬腿并用拳顶压网胃区,以观察动物反应(图4-12)。

2.叩诊

在左侧心区后方的网胃区内,进行直接强叩诊或用拳轻击,以观察动物反应。

3.压迫法

二人分别站在家畜胸部两侧,各伸一手于剑突下相互握紧,各将其另一手放于家畜的鬐甲部;二人同时用力上抬紧握的手,并用放在鬐甲部的手紧握其皮肤,观察家畜反应。或者先将一木棒横放于家畜的剑突下,二人分别自两侧同时用力上抬,迅速下放并逐渐后移压迫网胃区,同时观察家畜的反应(图4-13)。

以上方法检查时如果病牛表现不安、呻吟、躲闪、反抗或企图卧下等行为,提示创伤性网胃炎。

4.视诊

让病牛在较陡的坡路由上向下行走,如果动物表现运动小心,步态紧张,四肢缩于腹下,不敢前进甚至呻吟、咬牙;好

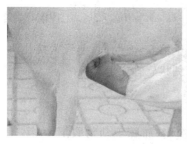 

图 4-12　羊网胃触诊　　　图 4-13　牛网胃压迫检查

走上坡路,怕走下坡路,提示创伤性网胃炎或创伤性网胃心包炎。

(二)诊断意义

正常家畜,在进行上述检查试验时,家畜无明显反应,相反如表现不安、痛苦、呻吟或抗拒并企图卧下时,是网胃疼痛敏感的表现,常为创伤性网胃炎的特征。

三、瓣胃检查

在腹腔右侧第 7～10 肋间,肩关节水平线上下 3 厘米范围内进行。

(一)检查方法

1. 触诊

在右侧瓣胃区内进行强力触诊(图 4-14)或以拳轻击,以观察家畜有无疼痛性反应。对瘦牛可使其左侧卧,于右肋弓下以手伸入进行冲击。

2. 听诊

在瓣胃区听诊其蠕动音（图 4-15）。正常时呈断续细小的捻发音，采食后较明显。主要判定蠕动音是减弱还是消失。

图 4-14 羊瓣胃触诊

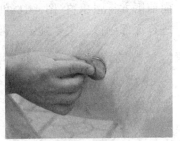

图 4-15 羊瓣胃听诊

(二)诊断意义

瓣胃蠕动音减弱甚至消失，见于瓣胃阻塞、各种热性病等；瓣胃触诊敏感、疼痛、抗拒、不安，见于瓣胃创伤性炎症、瓣胃阻塞；瓣胃穿刺阻力大，穿刺针停滞不动，可确诊瓣胃阻塞。

四、皱胃检查

皱胃位于右腹部第 9～11 肋间的肋骨弓区。

(一)检查方法

1. 视诊

动物站立保定，术者站于动物正后方，对比观察皱胃区的突起情况。当右侧腹壁皱胃区向外侧突出，左右腹壁显得很不对称时，提示皱胃严重阻塞、扩张。

2.触诊

沿肋弓下进行深部触诊。由于腹壁紧张而厚,常不易得到准确结果。因此,应尽可能将手指插入肋骨弓下方深处,向前下方行强压迫(图 4-16 和图 4-17)。在犊牛可使其侧卧进行深部触诊。主要判定是否有疼痛反应。

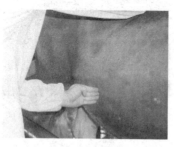 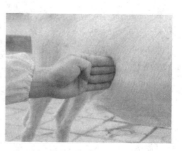

图 4-16　牛皱胃切入触诊　　　　**图 4-17　羊皱胃切入触诊**

3.听诊

在皱胃区内,可听到类似肠音、呈流水声或含漱音的蠕动音。主要判定其强弱和有无变化。见图 4-18 和图 4-19。

(二)诊断意义

皱胃区向外突出,左右腹壁不对称,听诊蠕动音减弱或消失,见于皱胃阻塞;皱胃触诊呈敏感反应,见于皱胃炎或皱胃溃疡;左腹肋弓区膨大,在此区听诊可听到与瘤胃蠕动音不一致的皱胃蠕动音,在左侧最后 3 肋的上 1/3 处叩诊或听诊,可听到明显的钢管音,冲击式触诊可听到明显的振荡音,见于皱胃左方变位;右肋骨弓部膨大,冲击式触诊可听到液

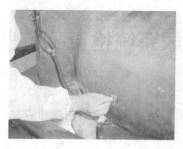

图 4-18　牛皱胃听诊

图 4-19　羊皱胃听诊

体振荡音,在右侧胲窝内听诊,同时叩打最后两个肋骨,可听到明显的钢管音,见于皱胃右方变位。

【本章小结】

对口腔的检查,要注意口腔外周的变化,口腔黏膜的颜色,口腔气味、温度、湿度及舌苔、牙齿等的变化。饮欲、食欲的改变,排粪状态的异常、粪便的异常等,往往提示消化系统有疾病或其他器官疾病伴有的消化紊乱现象,诊断时要配合其他症状综合判断。消化系统疾病是动物普通病中的一类常见疾病,我们要重点掌握和熟悉消化系统的临床检查方法,以备全面收集资料,便于诊断。

【复习思考题】

1.口腔检查的内容有哪些?

2.食管的检查方法有哪些? 当发生食管阻塞时,食管检查有哪些特征?

3.瘤胃、网胃、瓣胃、皱胃的检查方法和诊断意义有哪些?

第五章　泌尿系统检查

【知识目标】

掌握排尿动作的观察方法,学会泌尿器官的临床检查方法等。

【技能目标】

观察各种动物的排尿动作,鉴别病畜。掌握泌尿器官的临床检查及其应用。

第一节　排尿检查

【应用范围】

用于膀胱炎、尿道炎、肾盂肾炎、急性肾小球肾炎、尿道结石、尿道狭窄、膀胱麻痹、膀胱括约肌痉挛及腰荐部脊髓损伤等疾病的检查。

【检查内容】

1.排尿动作

家畜因种类和性别的不同,所采取的排尿姿势也不尽相同。公牛和公羊排尿时,不作准备动作,腹肌也不参与,仅借助会阴尿道部的收缩,尿液呈细流状排出,在行走或进食时均可排尿。母牛和母羊排尿时,后肢张开下蹲,拱背举尾,腹肌收缩,尿液呈急流状排出。公猪排尿时,尿液急促而断续地射出。母猪排尿动作与母羊相似。公马排尿时,两后肢向后伸展,背腰下沉,伸出阴茎,举尾排尿,最后部分尿液借腹肌收缩而断续排出。母马排尿时,后肢略向前踏,并稍下蹲,排尿之末,阴门启闭数次。

2.排尿次数和尿量

健康状态下,每昼夜排尿次数,牛为 5~10 次,尿量 6~10 升,最高达 25 升;绵羊和山羊 2~5 次,尿量 0.5~2 升;猪 2~3 次,尿量 2~5 升;马 5~8 次,尿量 3~6 升,最高达10 升。

【诊断意义】

1.多尿和频尿

多尿见于肾小球滤过机能增强,如大量饮水后一时性尿量增多,肾小管重吸收能力减弱(如慢性肾病),渗出液吸收过程,应用利尿剂,尿崩症,糖尿病等。频尿见于膀胱炎、尿道炎、肾盂肾炎等。

2.少尿和无尿

(1)肾前性少尿或无尿 由于血浆渗透压增高和外周循环衰竭,肾血流量减少导致。表现尿量轻度或中度减少,一般不出现完全无尿,见于脱水、休克、心力衰竭、组织内水分潴留等。

(2)肾源性少尿或无尿 肾脏泌尿机能高度障碍的结果,多由于肾小球和肾小管的严重病变引起。见于急性肾小球肾炎,各种慢性肾脏病引起的肾功能衰竭。

(3)肾后性少尿或无尿 主要由于尿路阻塞所致。见于肾盂、输尿管或尿道结石、炎性水肿或被血块、脓块阻塞等。

3.尿潴留

肾脏泌尿机能正常,而膀胱充满尿液不能排出。尿液呈少量点滴状排出或完全不能排出。见于尿路阻塞、膀胱麻痹、膀胱括约肌痉挛及腰荐部脊髓损伤。

4.排尿失禁

病畜不取排尿姿势,尿液不随意地不时地排出。见于脊髓疾患、膀胱括约肌麻痹、脑病昏迷和濒死期的病畜。

5.排尿痛苦

病畜排尿时有明显的疼痛表现或腹痛姿势,呻吟,努责,摇尾踢腹,回顾腹部和排尿困难等。不时取排尿姿势,但无尿排出,或呈滴状或呈细流状排出。多见于膀胱炎、尿道炎、尿道结石、生殖道炎症及腹膜炎。

6.尿淋漓

排尿不畅,尿液呈点滴状或细流状排出,此种现象多是排尿失禁、排尿痛苦和神经性排尿障碍的一种表现,有时也见于老龄体衰、胆怯和神经质的动物。

第二节　泌尿器官检查

【应用范围】

用于动物肾脏、膀胱、输尿管、尿道疾病的检查。

【用具准备】

长臂手套、导尿管等。

【检查内容】

一、肾脏检查

(一)检查方法

应用触诊和叩诊进行检查,大家畜可行外部触诊和直肠触诊。外部触诊可用双手在腰肾区捏压或用拳捶击,也可施行叩诊,中、小动物如绵羊、山羊、犬、猫和兔等肾脏的触诊检查,可在腰肾区腰椎横突下方用两手手指前后滑动触诊,拇指常置于腰椎横突上方。猪因皮下脂肪厚,腹壁又紧张,故肾脏难于触诊。

(二)诊断意义

某些肾脏疾病时,由于肾脏的敏感性增高,肾区疼痛明显,病畜除出现排尿障碍外,常表现腰背僵硬、拱起(图 5-1),运步小心,后肢向前移动迟缓。牛有时腰肾区呈膨隆状。猪患肾虫病时,拱背,后躯摇摆。此外,应特别注意肾性水肿,

图 5-1　犬拱背

通常多发生于眼睑、垂肉、腹下、阴囊及四肢下部。

　　触诊或叩诊检查时观察有无疼痛反应,如表现不安,拱背、摇尾或躲避压迫等,则可能与肾脏敏感性增高有关,多为急性肾炎或有肾损伤的可疑。直肠内触诊肾脏,可感觉其大小、形状、硬度、敏感性及表面是否光滑等。肾脏正常时,触诊坚实,表面光滑,没有疼痛反应。肾脏体积增大,触诊敏感疼痛,见于急性肾炎、肾盂肾炎等;肾脏表面粗糙不平,增大,坚硬,见于肾硬化、肾肿瘤和肾盂结石等;肾脏体积缩小,比较少见,多因肾萎缩或间质性肾炎造成。

二、肾盂和输尿管检查

　　大家畜可通过直肠内进行触诊。如触诊肾门,病畜疼痛明显,见于肾盂肾炎;发现一侧或两侧肾门部肿大,呈现波动,有时还发现输尿管扩张,提示肾盂积水。健康动物的输尿管很细,经直肠检查难于触及。如触到手指粗的索状物,紧张有压痛,见于输尿管炎。在肾盂或输尿管结石时,可触到坚硬的石块和结石相互摩擦的感觉,肾盂结石比输尿管中的结石稍大,同时病畜呈现疼痛反应。

三、膀胱检查

(一)检查方法

　　大家畜需要直肠触诊,注意其位置、大小、充满度、紧张度、厚度及敏感性。健康马、牛膀胱内无尿时,触诊呈柔软的梨形体,如拳大。膀胱充满尿液时,壁变薄,紧张而有波动,呈轮廓明显的球形体,可占据整个骨盆腔。小动物可将手指伸入直肠进行触诊,也可由腹壁外进行触诊。腹壁外触诊,使动物取仰卧姿势,用一手在腹中线处由前向后触压,也可用两手分别由腹部两侧逐渐向体中线压迫,以感知膀胱。小动物膀胱充满时,在下腹壁耻骨前缘触到一个有弹性的光滑球形体,过度充满时可达脐部。

(二)诊断意义

病理情况下,膀胱可能出现下列变化:

1. 膀胱过度充满

多见于膀胱麻痹,膀胱括约肌痉挛,膀胱出口或尿道阻塞。因膀胱麻痹引起的过度充满,按压膀胱时有尿排出,停止压迫则排尿停止;因膀胱括约肌痉挛引起者,导尿管在膀胱颈部伸入困难。

2. 膀胱空虚

因肾功能不全或膀胱破裂造成。膀胱破裂后患畜长期停止排尿,腹腔积尿,下腹膨大,腹腔穿刺排出大量淡黄色、微混浊、有尿臭气味的液体,或污红色混浊的液体,常伴发腹膜炎,有时皮肤散发尿臭味。

3. 膀胱压痛

多见于急性膀胱炎和膀胱结石。膀胱炎时,膀胱多空虚,但可感到膀胱壁增厚。膀胱结石时多伴有尿潴留,但在不太充满的情况下,可触到坚硬的硬块或沙石样结石。

四、尿道检查

1.母畜尿道检查

母畜尿道较短,开口于阴道前庭的下壁,可将手指伸入阴道,在其下壁直接触摸到尿道外口,也可用开膣器对尿道口进行视诊,还可进行尿道探诊。母畜常发生炎症变化。

2.公畜尿道检查

对其位于骨盆腔内的部分,连同贮精囊和前列腺进行直肠内触诊。对位于坐骨弯曲以下的部分,进行外部触诊。尿道的常见异常变化是尿道结石,多见于公牛、公羊和公猪。此外,还有尿道炎、尿道损伤、尿道狭窄、尿道阻塞等。

【本章小结】

泌尿系统检查,密切结合尿液实验室检测,在临床诊断中主要检查排尿动作、排尿次数、尿量、泌尿器官等,要将临床诊断与实验室诊断有机结合起来综合诊断,才能较为准确地获得诊疗结果。

【复习思考题】

1.简述排尿动作的检查方法。

2.简述排尿次数与尿量的检查。

3.简述泌尿器官疾病的临床诊断方法。

第六章　尸体剖检

【知识目标】
　掌握鸡、猪尸体剖检技术。在尸体剖检过程中能对尸体外观作正确描述。

【技能目标】
　掌握鸡、猪尸体剖检的术式、步骤。能做好尸体剖检前的准备。在尸体剖检过程中能对尸体外观作正确描述。

第一节　鸡的尸体剖检

【应用范围】
鸡病的临床诊断。

【用具准备】
解剖剪、解剖刀、镊子、搪瓷盘、消毒液、洗手盆、毛巾、手套等。

【检查内容】

一、外部检查

1.检查天然孔
　注意口、鼻、眼有无异常分泌物，分泌物的量及性状；注意泄殖腔周围羽毛有无异常粪便沾污，泄殖腔黏膜的变化及内容物的性状等。见图 6-1 至图 6-4。

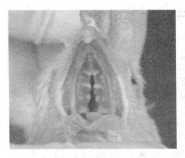
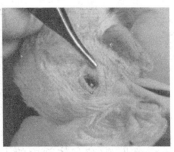

图 6-1　鸡口腔检查　　　　图 6-2　鸡眼检查

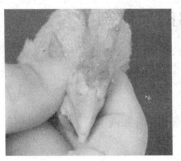
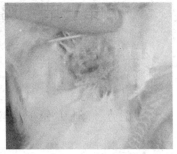

图 6-3　鸡鼻检查　　　　图 6-4　鸡泄殖腔检查

2.检查皮肤

注意头、冠、肉髯及身体其他部位的皮肤有无痘疹或结痂等；是否发生腐败；检查家禽的趾爪，注意有无赘生

物、外伤、化脓、失水及胫骨有无变软等。见图 6-5 至图
6-10。

图 6-5 鸡皮肤检查

图 6-6 鸡冠黄染

图 6-7 鸡痘痘疹

图 6-8 鸡冠肿大出血

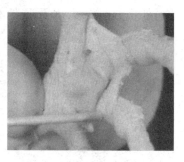

图 6-9　鸡脚爪检查　　　　　图 6-10　鸡足底检查

3.检查羽毛

注意有无外寄生虫,如虱、螨等。

4.检查各关节及龙骨

注意关节有无肿胀、变形及长骨、龙骨有无变形、弯曲等表现。见图 6-11 和图 6-12。

图 6-11　检查关节　　　　　图 6-12　检查龙骨(龙骨弯曲)

5.检查营养状态

触摸感觉胸肌厚薄及龙骨的显突情况而初步判定鸡的营养情况。

二、处死方法

1.在寰枕关节处使头与关节断离

是最好的方法,采用这种方法不必割破皮肤,可防止鸡血液四溅。左手握住鸡的双腿和翼梢,用右手抓住鸡头,放在食指与中指之间,拇指抵在头后部,把鸡头向后方与颈部呈直角的方向用力屈折。

2.注射空气

用带 18 号针头的注射器,把针头从胸口插入 3.5～4 厘米到心脏,注入 10～25 毫升空气。

3.颈侧动脉放血

需注意的是,这种方法会影响血液循环障碍的检查。

三、内部检查

(1)用消毒水将禽体羽毛浸湿,以防止病原扩散,避免羽毛飞扬和粘手影响操作(图 6-13)。

(2)用剪刀将股内侧连接腹侧的皮肤剪开,将两大腿向外和下方翻压(图 6-14),直至髋关节脱臼,露出股骨头,使禽体仰卧放置于瓷盆上。

图 6-13　用消毒水浸湿羽毛

图 6-14　翻压大腿

（3）沿大腿与腹侧皮肤切口，剥离皮肤，暴露腿内侧肌群与膝关节。横向剪开腹部皮肤，使切口与上述股侧皮肤切口相连，握住游离皮肤，向前一直剥离到锁骨部，胸部皮肤向头侧掀剥，腹部皮肤往后翻开，暴露并检查胸肌与腹肌，检查皮下组织和胸肌、腹肌、腿部肌肉及坐骨神经的状态。

(4)于胸骨突下缘横向切开腹肌、腹膜(图 6-15),沿切口从两侧自后向前剪断两侧肋骨(图 6-16 和图 6-17),切断乌喙骨、锁骨,然后握住龙骨突的后缘用力向上前方翻拉,揭开胸骨,打开胸腔(图 6-18),再从胸骨后端沿腹中线至泄殖腔纵行切开腹壁肌肉,向两侧拉开肌肉暴露腹腔。

图 6-15 切开腹壁肌肉

图 6-16 剪开右侧胸壁肋骨

图 6-17 剪开左侧胸壁肋骨

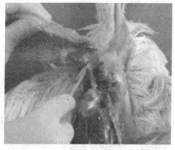

图 6-18 切断乌喙骨和锁骨

（5）剖开体腔后，注意有无积水、渗出物或血液，同时观察各器官位置有无异常（图6-19）。注意检查各部位气囊（图6-20）。气囊由浆膜构成，正常时透明菲薄，有光泽。如发现混浊、增厚，或表面被覆有渗出物或增生物，均为异常状态。

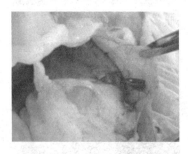 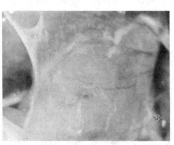

图6-19　观察各器官位置　　　　图6-20　检查气囊

（6）分别取出各个内脏器官。首先把肝脏与其他器官连接的韧带剪断，再将脾脏、胆囊随同肝脏一块摘出。见图6-21和图6-22。

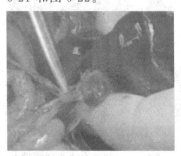 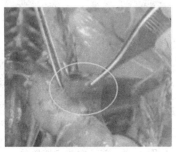

图6-21　肝的取出　　　　　图6-22　脾的取出

把食道与腺胃交界处剪断,将腺胃、肌胃、肠管及胰腺一同取出体腔,直肠可以不剪断,然后进行检查。见图 6-23 至图 6-28。

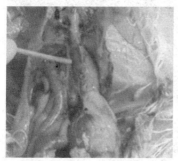

图 6-23 食道与腺胃交界处

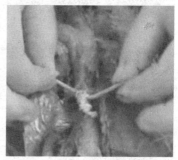

图 6-24 结扎食道与腺胃交界处

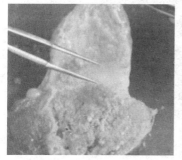

图 6-25 腺胃检查

图 6-26 肌胃黏膜检查

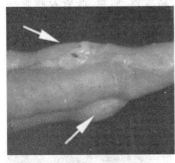

图 6-27　盲肠扁桃体的检查

图 6-28　肠道检查

　　母鸡剪开卵巢系膜,将输卵管与泄殖腔连接处剪断,把卵巢和输卵管取出。公鸡剪断睾丸系膜,取出睾丸。

　　肾和输尿管一般作原位检查(图 6-29)。如需摘出,可用器械柄钝性剥离肾脏,从脊椎骨深凹中取出。

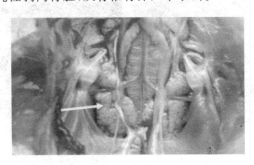

图 6-29　正常肾脏

剪断心脏的动脉、静脉,取出心脏(图 6-30)。

图 6-30　结扎后取出心脏

用刀柄钝性剥离肺脏,将肺脏从肋骨间摘出(图 6-31)。

图 6-31　钝性剥离肺脏

把直肠拉出腹腔,露出位于泄殖腔背面的圆形法氏囊,剪开与泄殖腔连接处,法氏囊便可摘出,也可原位切开检查(图 6-32)。

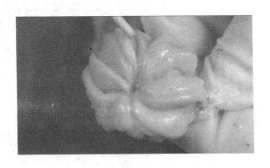

图 6-32　法氏囊黏膜褶

四、颈部检查

　　剪开一侧嘴角,检查口腔,注意舌、咽、喉、上腭裂和黏膜病变(图 6-33A)。从嘴侧切口向胸部纵行切开颈部皮肤,检查胸腺、食管和气管外观以及两侧迷走神经。纵行切开食管、嗉囊、咽喉和气管(图 6-33B),注意内容物性状、气味、色泽和黏膜病变。在眼与鼻孔之间用骨剪横断上喙,检查鼻腔,轻压鼻部,可检查鼻腔有无内容物。暴露眶下窦开口前端。用灭菌剪刀沿开口作侧面纵向剪开窦外壁,检查窦内容物,如果需要可作病原培养。

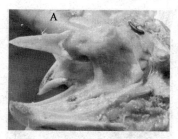

图 6-33 口腔的检查和气管的检查

五、头部检查

1.眼部检查

主要观察眼的角膜有无异常变化及眼结膜有无出血或溃疡等。

2.鼻窦部检查

沿额面经鼻孔剪开 1～3 厘米切口,将切口用手分开即可见鼻窦,观察其有无出血或渗出物的特性。

3.脑部检查

用剪刀将头部皮肤剪开,以尖剪将整个额骨、颅顶骨剪除(图 6-34),暴露大脑和小脑,先观察脑膜血管的状态,脑膜下有无水肿和积液,然后再以钝器轻轻剥离,将前端嗅脑、脑下垂体及视神经交叉等部逐一剪断,将整个大脑和小脑摘出,观察脑实质的变化(图 6-35)。

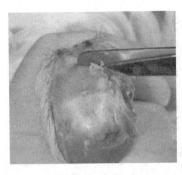
图 6-34　剪除颅顶骨

图 6-35　取出脑组织

六、神经检查

在颈椎的两侧,沿食道两旁可以找到迷走神经。在大腿两侧,剥离内收肌即可露出坐骨神经。用钝性剥离法将脊柱两侧的肾脏摘出,便能显露出腰荐神经丛。将鸡背朝上,剪开肩胛和脊柱之间的皮肤,(第一肋骨基部与最后颈椎间)剥离肌肉,即可看到臂神经丛。用骨刀纵切股骨检查骨髓,切开胫骨近端骨髓,检查软骨化骨情况。观察神经干外膜有无水肿或出血及神经干的粗细是否均匀等。

【注意事项】

(1)剖检的场地应尽量远离行人、水源、禽舍,并选择易于消毒的地方,避免由于剖检造成病原扩散。

(2)剖检前后运载病、死禽只应采用密封容器,避免沿途遗撒(洒)病禽羽毛、分泌物及排泄物等。准备好需用的器具及消毒药,穿戴好工作服,戴上手套。

(3)剖检完毕,应将尸体深埋或焚化,或作其他无害化处理。对剖检场地及器械要随手洗净消毒。剖检者的手洗净后用酒精擦干,有条件时应洗澡更衣。

(4)剖检的时间越早越好,死后时间过长,不利于观察病变。

(5)在剖检时,要了解死禽的来源、病史、症状、治疗经过及防疫情况。

第二节 猪的尸体剖检

【剖检前的准备】

1.剖检场地

剖检最好在室内进行,若因条件所限需在室外剖检时,应选择距猪舍、道路和水源较远,地势高的地方剖检。在剖检前先挖 2 米左右的深坑,坑内撒一些石灰。坑旁铺上垫草或塑料布,将尸体放在上面剖检。剖检结束后,把尸体及其污染物掩埋在坑内,并做好消毒工作,防止病原扩散。

2.剖检的器械及药品

常用的器械有解剖刀、手术剪、镊子、骨锯、量杯、搪瓷盘、桶、酒精灯、载玻片、广口瓶、工作服、胶手套、胶靴等。消毒药有 3% 来苏儿、0.1% 新洁尔灭、百毒杀等。固定液有 10% 福尔马林溶液、95% 酒精。

【检查内容】

一、体表检查

先注意品种、性别、年龄、毛色、体重及营养状况,然后再进行死后征象、天然孔、皮肤和体表淋巴结的检查。

1. 死后征象

根据死后征象大致判定猪死亡的时间、死亡时的体位等。

2. 天然孔

检查口腔(图 6-36)、鼻(图 6-37)、眼(图 6-38)、耳(图 6-39)、肛门(图 6-40)、生殖器(图 6-41)等有无出血,有无分泌物、渗出物和排泄物,可视黏膜的色泽,有无出血、水疱、溃疡、结节、假膜等病变。

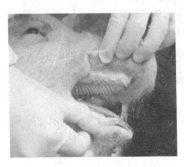
图 6-36　猪口腔检查

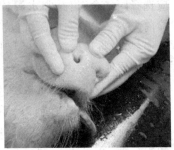
图 6-37　猪鼻的检查

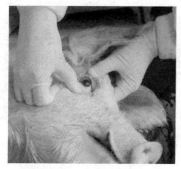

图 6-38 猪眼的检查

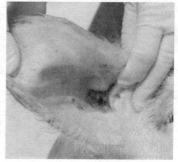

图 6-39 猪耳的检查

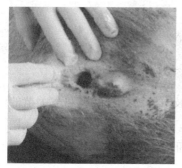

图 6-40 猪肛门检查

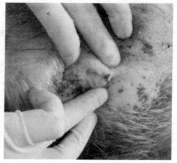

图 6-41 猪阴道检查

3. 皮肤

检查皮肤的色泽, 有无充血、出血、创伤、脓疱等病变。见图 6-42 和图 6-43。

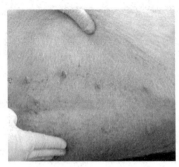
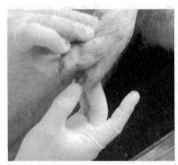

图 6-42　皮肤检查　　　　图 6-43　蹄的检查

4.体表淋巴结

检查淋巴结有无肿大、硬结。

二、内部检查

采用背位姿势，先切断四肢内侧的所有肌肉和髋关节的圆韧带，使四肢平摊在地上，以抵住躯体，保持不倒（图6-44）。然后再从颈、胸、腹的正中切开皮肤（图6-45），腹侧剥皮。

1.皮下检查

检查皮下有无充血、炎症、出血、瘀血、水肿等病变。见图 6-46 和图 6-47。

图 6-44 切断四肢内侧连接

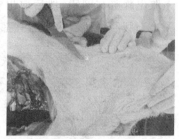

图 6-45 正中切开皮肤

图 6-46 皮下检查

图 6-47 皮下水肿

2. 腹腔及腹腔脏器的检查

从剑状软骨后方沿腹白线由前向后切开腹壁直至耻骨联合前缘(图 6-48),观察腹腔中有无渗出物及其颜色、性状和数量,腹膜及腹腔器官浆膜是否光滑(图 6-49),肠壁有无粘连,再沿肋骨弓将腹壁两侧切开,使腹腔器官全部暴露。

先取出脾脏与网膜,然后取出空肠、回肠、大肠、胃和十二指肠等。腹腔中所有内脏器官都应逐一检查。

图 6-48　切开腹壁

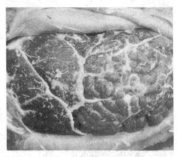

图 6-49　纤维素性腹膜炎

　　脾脏:脾脏摘出后(图 6-50),检查脾门部血管和淋巴结,观察其大小、形态和色泽,观察包膜的紧张度,有无肥厚、梗死、脓肿及瘢痕形成。用手触摸脾的质地。然后做一两个纵切,检查脾髓、滤泡和脾小梁的状态,有无结节、坏死、梗死和脓肿等(图 6-51)。以刀背刮切面,检查脾髓的质地。败血症时脾脏常显著肿大,包膜紧张,质地柔软,暗红色,切面突出,结构模糊,流出多量煤焦油样血液。脾脏瘀血时,脾也显著肿大变软,切面有暗红色血液流出。增生性脾炎时脾稍肿大,质地较实,滤泡显著增生,轮廓明显。萎缩的脾脏,包膜肥厚皱缩,脾小梁纹理粗大而明显。

图 6-50　脾脏摘出

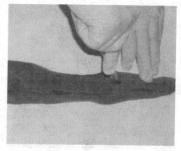

图 6-51　脾脏切开

　　肝脏:先检查肝门部的动脉、静脉、胆管和淋巴结,然后检查肝脏的形态、大小、色泽、包膜性状,有无出血、结节、坏死等(图 6-52),最后切开肝组织,观察切面的色泽、质地和含血量等情况,切面是否隆突,肝小叶结构是否清晰,有无脓肿、寄生虫性结节和坏死等(图 6-53)。同时应注意胆囊的大小,胆汁的性状、量以及黏膜的变化(图 6-54 和图 6-55)。

图 6-52　肝脏采出

图 6-53　肝脏切开检查

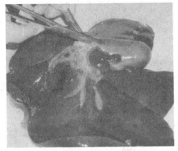

图 6-54 胆囊剪开检查(一)　　　　图 6-55 胆囊剪开检查(二)

　　肾脏:检查肾脏的形态、大小、色泽和韧度,注意包膜的状态,是否光滑透明和容易剥离(图 6-56)。包膜剥离后,检查肾表面的色泽,有无出血、充血、瘢痕、梗死等病变。然后沿肾脏的外侧面向肾门部将肾脏纵切为相等的两半,检查皮质和髓质的厚度、色泽、交界部血管状态和组织结构纹理(图 6-57)。最后检查肾盂,注意其容积,有无积尿、积脓、结石等,以及黏膜的性状。

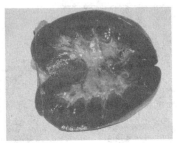

图 6-56 肾脏摘出　　　　　　　图 6-57 肾脏切开检查

胃：先观察胃的大小，浆膜色泽，胃壁有无破裂和穿孔等，然后由贲门沿大弯至幽门切开，检查胃内容物的数量、性状、气味、色泽、成分、寄生虫等，最后检查胃黏膜的色泽，注意有无水肿、出血、充血、溃疡、肥厚等病变（图 6-58 和图 6-59）。

 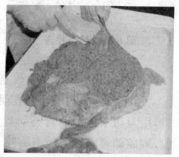

图 6-58　胃切开检查(一)　　　图 6-59　胃切开检查(二)

肠：十二指肠、空肠、大肠、直肠分段进行检查（图 6-60）。先检查肠系膜淋巴结有无肿大、出血等，再检查肠管浆膜的色泽，有无粘连、肿瘤、寄生虫结节等，最后剪开肠管，检查肠内容物数量、性状、气味，有无血液、异物、寄生虫等。除去肠内容物，检查肠黏膜的性状，注意有无肿胀、发炎、充血、出血、寄生虫和其他病变（图 6-61）。

图 6-60　肠道检查

图 6-61　肠道剪开检查

3.胸腔及胸腔脏器的检查

用刀先分离胸壁两侧表面的脂肪和肌肉,检查胸腔的压力,用力切断两侧肋骨与肋软骨的结合部,再切断其他软组织,胸腔即可露出。检查胸腔、心包腔有无积液及其性状,胸膜是否光滑,有无粘连。分离咽、喉头、气管、食道周围的肌肉和结缔组织,将喉头、气管、食道、心和肺一同采出。

肺脏:首先注意其大小、色泽、重量、质地、弹性,有无病灶及表面附着物等(图 6-62),然后用剪刀将支气管剪开,注意检查支气管黏膜的色泽,表面附着物的数量、黏稠度,最后将整个肺脏纵横切数刀(图 6-63),观察切面有无病变,切面流出物的数量、色泽变化等。

心脏:先检查心脏纵沟、冠状沟的脂肪量和性状,有无出血。然后检查心脏的外形、大小、色泽及心外膜的性状。最后切开心脏检查心腔。方法是沿左纵沟左侧切口,切至肺动

图 6-62　肺脏检查　　　　　　**图 6-63　肺脏切开检查**

脉起始部;沿左纵沟右侧切口,切至主动脉起始部;然后将心脏反转过来,沿右纵沟左右两侧做平行切口,切至心尖部与左侧心切口相连接;切口再通过房室口至左心房及右心房。经过上述切线,心脏全部剖开(图 6-64)。

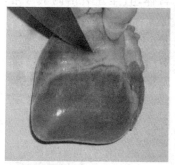

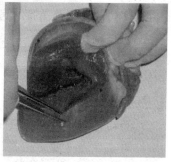

图 6-64　心脏切开检查

　　检查心脏时,注意检查心脏内血液的含量及性状。检查心内膜的色泽、光滑度、有无出血,各个瓣膜、腱索是否肥厚,有无血栓形成和组织增生或缺损等病变。对心肌的检查,注意各部心肌的厚度、色泽、质地,有无出血、瘢痕、变性和坏死等。

　　4.骨盆腔脏器的检查

　　检查膀胱的外部形态,然后剪开膀胱检查尿量、色泽和膀胱黏膜的变化,注意有无血尿、脓尿、黏膜出血等(图 6-65)。

　　检查睾丸和附睾的外形、大小、质地和色泽,观察切面有无充血、出血、瘢痕、结节、化脓和坏死等。

　　检查卵巢和输卵管时,先注意卵巢的外形、大小,卵泡的数量、色泽,有无充血、出血、坏死等病变(图 6-66)。观察输卵管浆膜面有无粘连,有无膨大、狭窄、囊肿;然后剪开,注意腔内有无异物或黏液、水肿液,黏膜有无肿胀、出血等病变。检查阴道和子宫时,除观察子宫大小及外部病变外,还要用剪子依次剪开阴道、子宫颈、子宫体,直至左右两侧子宫角,检查内容物的性状及黏膜的病变。

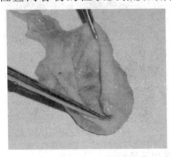

图 6-65　膀胱检查

图 6-66　卵巢、输卵管及子宫检查

5.头颈部检查

检查口腔黏膜、舌、扁桃体、气管、食道、淋巴结等,注意舌上有无水疱、烂斑、增生物(图6-67),扁桃体有无溃疡等变化,喉头有无出血等(图6-68)。检查脑时注意脑膜有无充血、出血、炎症等(图6-69至图6-74)。另外,要特别注意下颌淋巴结、颈浅淋巴结,观察其大小、颜色、硬度,与其周围组织的关系及切面变化。

图6-67　舌的检查

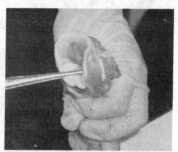

图6-68　喉的检查

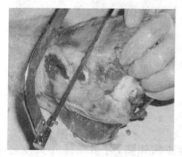

图6-69　脑的采出(一)

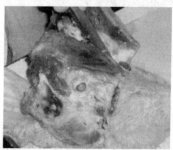

图6-70　脑的采出(二)

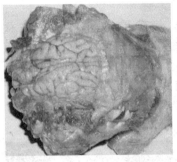

图 6-71　脑的采出（三）

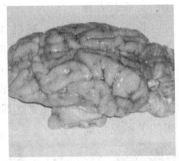

图 6-72　脑的采出（四）

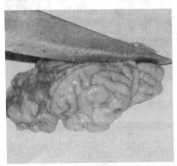

图 6-73　脑的切开（一）

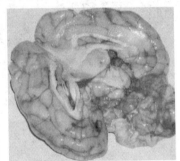

图 6-74　脑的切开（二）

【注意事项】

1. 剖检对象的选择

选择症状比较典型的病猪或病死猪，可多选择几头疫病流行期间不同时期出现的病猪或病死猪进行剖检。

2.剖检时间

剖检应在病猪死后尽早进行,死后时间过长的尸体,因发生自溶和腐败而难以判断原有病变,失去剖检意义。剖检最好在白天进行,因为灯光下很难把握病变组织的颜色。

3.正确认识尸体变化

动物死后,受体内存在的酶和细菌的作用,以及外界环境的影响,逐渐发生一系列的死后变化,包括尸冷、尸僵、尸斑、血液凝固、溶血、尸体自溶与腐败等。正确地辨认尸体的变化,可以避免把某些死后变化误认为生前的病理变化。

4.剖检人员的防护

剖检人员应穿工作服,戴线手套和胶皮手套、工作帽,必要时还要戴上口罩或眼镜,以预防感染。剖检中皮肤被损伤时,应立即消毒伤口并包扎。剖检后,双手用肥皂洗涤,再用消毒液浸泡、冲洗。为除去腐败臭味,可先用0.2%高锰酸钾溶液浸洗,再用2%～3%草酸溶液洗涤褪色,最后用清水清洗。

5.尸体消毒和处理

剖检前应在尸体体表喷洒消毒液,如怀疑患炭疽时,取下颌淋巴结涂片染色检查,确诊患炭疽的尸体禁止剖检。死于传染病的尸体,可深埋或焚烧。搬运尸体的工具及尸体污染场地也应认真清理消毒。

6.注意综合分析诊断

有些疾病特征性病变明显,通过剖检可以确诊,但大多数疾病缺乏特征病变。另外,原发病的病变常受混合感染、继发感染、药物治疗等诸多因素的影响。在尸体剖检时应正确认识剖检诊断的局限性,结合流行病学、临床症状、病理组织学变化、血清学检验及病原分离鉴定,综合分析诊断。

7. 做好剖检记录,写出剖检报告

尸体剖检记录是尸体剖检报告的重要依据,也是进行综合分析诊断的原始资料。记录的内容要力求完整、详细,能如实地反映尸体的各种病理变化。记录应在剖检当时进行,按剖检顺序记录。记录病变时要客观地描述病变,对无眼观变化的器官,不能记录为"正常"或"无变化",可用"无眼观可见变化"或"未发现异常"来叙述。

8. 尸体剖检报告内容

其中病理解剖学诊断是根据剖检发现的病理变化和它们的相互关系,以及其他诊断检查所提供的材料,经过详细地分析而得出的结论。结论是对疾病的诊断或疑似诊断。

【本章小结】

猪、鸡的尸体剖检,应选择具有代表性的、临床上具有典型症状的病例,需要一定数量,且应在死后尽快进行,一旦尸体腐败,病变无法看清。剖检应按系统进行,并保持脏器的完整性,便于准确观察,正确反映疾病本质。尸体剖检要结合发病情况、流行特点进行病史调查,以全面认识疾病发生、发展的全过程,掌握发病规律,才可做出正确结论。对不典型病变或疑似病例,有必要进行实验室检验,查清病原,才能予以确诊,并及时采取相应有效的防治措施。

【复习思考题】

1.简述鸡的尸体剖检方法及诊断意义。

2.简述猪的尸体剖检方法及注意事项。

第七章　血液常规检查

【知识目标】

了解血常规检查所包含的内容和方法。掌握红细胞、白细胞计数及白细胞分类计数的常用方法。知道血液常规检查的临床诊断意义。

【技能目标】

通过红细胞计数及红细胞形态观察,确诊贫血类型。掌握白细胞计数及白细胞分类计数的常用方法,确诊炎症类型及判断预后。

第一节　血液样本的采集、处理、保存与运送

【应用范围】

血液样本的采集、处理、保存和运送。

【用具准备】

采血管、采血针、消毒棉球、止血带、抗凝剂、离心机等。

【检查内容】

一、采血

(一)猪采血技术

1.前腔静脉采血

部位在第 1 肋骨与胸骨柄结合处的前方,由于左侧靠近膈神经,易损伤,多用右侧进行采血。针头刺入方向呈近似垂直稍向中央及胸腔倾斜,刺入深度依猪体大小 2~6 厘米,针头 7~12 号。先固定好两前肢及头部,消毒后术者持连接针头的注射器由猪右侧沿第 1 肋骨与胸骨结合部前方的前腔窝处刺入,并稍斜刺向中央及胸腔方面,边刺边回血,见回血后即可采血,采毕后酒精棉球紧压针孔,拔针头,见图 7-1。

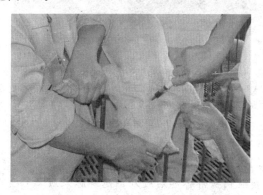

图 7-1　猪前腔静脉采血

2.耳静脉采血

猪站立保定,耳部消毒,助手用手指捏压耳根部静脉管处,使静脉血管充盈怒张,术者用左手拇指和食指把持耳尖,将耳拉直托平,用中指、无名指和小指在耳下面向上托,使采血进针部位稍高,右手持一次性血样采集针沿静脉管使针头与皮肤呈30°角,向近心端刺入血管,有空虚感无阻力时即进入血管(图7-2)。回血,立即插入负压管采血。采血结束后,先松开握耳根的手,再拔针头,干棉球压迫采血处1分钟,伤口不出血为止。

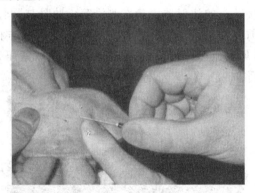

图7-2　猪耳静脉采血

(二)犬采血技术

1.前肢内头静脉和后肢外侧隐静脉采血

犬侧卧或站立保定,助手从后面握住犬的肘部,使前臂前伸,局部剪毛,先用碘酊消毒注射局部,然后用酒精脱碘。

用止血带结扎肘上部,使静脉充盈。采血者左手拇指和食指握紧剪毛区上部,右手用一次性采血针迅速刺入静脉,有空虚感即进入血管,回血后,立即插入负压管采血。采毕后松开止血带,以干棉球按压针孔拔针止血。若仅需少量血液,可以不用采血器抽取,只需用针头直接刺入静脉,待血从针孔自然滴出,放入盛器或作涂片。后肢外侧隐静脉采血同头静脉采血。

　　2.股动脉采血

　　将犬卧位保定,伸展后肢向外伸直,暴露腹股沟动脉搏动的部位,剪毛、消毒,左手中指、食指探摸股动脉跳动部位,并固定好血管,右手取连有 5 号半针头的注射器,针头由动脉跳动处直接刺入血管,若刺入动脉一般可见鲜红血液流入注射器,有时还需微微转动一下针头或上下移动一下针头,方见鲜红血液流入。有时可能刺入静脉,必须重抽。抽血毕,迅速拔出针头,用干棉球压迫止血2～3分钟。

　　3.颈静脉采血

　　站立保定,剪去局部被毛,用碘酒、酒精消毒皮肤。将犬颈部拉直,头尽量后仰。用左手拇指压住颈静脉入胸部位的皮肤,使颈静脉怒张,右手取连有 6 号针头的注射器,针头沿血管平行方向向近心端刺入血管。由于静脉在皮下易滑动,针刺时除用左手固定好血管外,刺入要准确。采血后压迫止血。

二、血液样本的处理

1. 血浆的制备

在采血器内加入适量的抗凝剂,采血后,反复颠倒采血器,使抗凝剂与血液充分混匀,静置或以 2 000～3 000 转/分离心 10 分钟使血细胞下沉后,上清液即为血浆。将血浆置于标记有日期、采集时间、动物名称和病历号的试管内,立即操作或合理冷藏、冷冻样品。

2. 血清的制备

采集血液样本,并将其置于不含抗凝剂的试管内,室温下自然凝集 20～30 分钟后,轻轻地用木棉棒沿着试管壁分离血凝块,密封试管,以 2 000～3 000 转/分的速度离心 10 分钟,上清液即为血清,用毛细移液管将血清移出,将血清置于标记有日期、采集时间、动物名称和病历号的试管内,立即操作或合理冷藏、冷冻样品。如离心后有轻微的溶血,用牙签将血凝块挑出,将混有红细胞碎片的血清再次离心,用干净吸管收集血清于干燥的指形管中,贴上标签备用。如血清溶血严重,应剔出样品。

3. 全血的制备

全血制备与血浆制备基本相同。供全血分析时,抗凝剂选用会直接影响化验结果,选用抗凝剂的原则是:主要用于血液 pH 和血液电解质测定的应选用肝素;主要用于血液促凝时间测定的应选用柠檬酸钠;主要用于血液有形成分检查的全血应选用 EDTA(乙二胺四乙酸);草酸盐不能用于血小板计数和尿素、血氨、非蛋白氮等含氮物质的检测用全血的抗凝。

【注意事项】

1.规定动物的采血时间

对采血动物,应在禁食 12 小时后采血,这样可以将食物对血液各种成分的浓度的影响减少到最低程度。在刚进完食动物身上采取的血液样品,往往出现血糖、甘油三酯增高,无机磷降低,麝香草酚浊度增加。进食富含脂肪的饲料,常导致血清混浊而干扰很多项目的生化检测。

2.血液样品来源一致

动脉血和静脉血的化学成分略有差异,整个试验期间,采取的血液样品必须一致。

3.防止形成气栓

抽血时只能外抽,不能向静脉内推,以免空气注入形成气栓。

4.采血后处理

采毕后在针孔部位按压 1 分钟,以压迫止血,不要按揉针孔,以免造成皮下血肿。若出现局部瘀血,24 小时后用毛巾热敷,促进吸收。

5.防止分解

血液内某些化学成分,离体后由于氧化酶或细菌的作用,容易分解,致其含量有所改变。所以,为了防止血液内某些化学成分的分解,血液样品采集后应立即按规定处理,及时检测或加入适当的保存剂按规定保存。

6. **防止气体逸散**

血液暴露于空气中后，二氧化碳迅速逸出，并吸收氧气提高血氧饱和度，进而引起血浆成分的改变。

7. **防止污染**

采血器及样品容器都必须进行化学处理并用重蒸馏水冲洗，防止铜、铁等金属离子和污染物影响检测结果。在作蛋白结合碘测定时，禁用碘酊消毒采血部。

8. **防止溶血**

使用清洁采血器材，避免扎针时损伤组织过多，抽血速度过快，血液注入容器时未取下针头或用力推出产生大量的气泡，运送过程强力振荡，离心速度过快，温度过低或者过高，加入与血液环境不等渗液体，放置时间过长等引起红细胞破裂的因素。

第二节　红细胞计数

【应用范围】

用于各种贫血和失血、溶血、红细胞生成障碍等的临床诊断，还有就是血液疾病和健康指标诊断。

【用具准备】

血细胞计数板、计数器、显微镜、血盖片、小试管、5 毫升吸管、洗耳球、红细胞吸管、脱脂棉、擦镜纸及全血细胞分析仪等。

【操作步骤】

1. 血液稀释

用生理盐水作为稀释液,血液作 200 倍稀释。用 5 毫升吸管吸取红细胞稀释液 4.0 毫升,放于试管内,再用红细胞吸管吸取供检血样 20 微升,用脱脂棉球拭去管尖外壁附着的血液;将红细胞吸管插入装有稀释液的试管底部,缓缓放出血液,然后吸取上清液,反复冲洗沾在试管内壁上的血液数次,立即振摇试管 1~2 分钟,使血液与红细胞稀释液充分混匀。供检验血就被稀释了 200 倍。

2. 寻找计数室

将血盖片紧密盖于血细胞计数板上,然后平放于显微镜载物台上,用低倍镜暗视野寻找计数室。深灰色区是高倍镜下计数红细胞的区域,浅白区是低倍镜下计数白细胞的区域(图 7-3)。

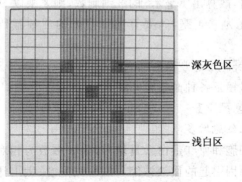

图 7-3 血细胞计数室

3.充液

将配好的稀释液用吸管吸取一滴充在计数板与血盖片之间,并静置 1～2 分钟,等待红细胞全部下沉方可计数。

4.镜检计数

在高倍镜下计数,按照一定的顺序及压线的原则,计红细胞计数室中的四角的及中央的一个总共是 5 个中方格的红细胞数。

5.计算

每立方毫米血液中所含的红细胞总数用"R"表示,则

$$R = (X_1 + X_2 + X_3 + X_4 + X_5) \times 5 \times 10 \times 血液稀释倍数$$

式中:$X_1 \sim X_5$,五个中方格的红细胞数;5:红细胞室的面积为 1 毫米^2,计数室有 25 个中方格,而计数时只数五个中方格的数目,故算出 1 毫米^2 的红细胞数,则要乘以 5;10:计数室的深度为 0.1 毫米,要算出 1 毫米的红细胞数,则要乘以 10。

【红细胞形态观察】

显微镜下各种血细胞见图7-4。

【诊断意义】

1.红细胞增多

红细胞和血红蛋白含量增多,绝大多数为相对增多,见于各种原因引起的血液浓缩,如腹泻、呕吐、大出汗、胸膜炎等,或者是某种因素导致的脱水等。

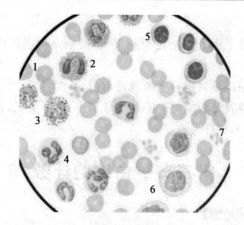

图 7-4　血细胞

1.红细胞　2.嗜酸性粒细胞　3.嗜碱性粒细胞　4.中性粒细胞

5.淋巴细胞　6.单核细胞　7.血小板

2.红细胞减少

红细胞和血红蛋白含量降低,主要是由于红细胞损失过多或生成不足所致,见于各种贫血和失血、溶血、红细胞生成障碍等。

【注意事项】

(1)所用的器材必须是清洁干燥的。

(2)吸取液体的量一定要准确,过多或过少都会影响结果。

(3)在计数时,认真看清楚红细胞个数,不要把杂质和红细胞相混淆,否则会影响结果。

(4)充液时要将稀释液摇匀,量不可过多也不能太少,不能有气泡。

(5)五个中方格一定要找准确,特别是中间的中方格的确定。

(6)使用显微镜一定要规范,将其平放。

(7)寻找计数室时光圈要尽量关小,不要关死,否则在高倍镜下看不到计数室。

第三节　白细胞计数

【应用范围】

用于细菌感染后炎症的诊断,如果存在炎症反应,可以区分是急性、慢性还是重度。用于某些病毒性传染病的诊断,如猪瘟等。用于判断是否存在应激,是否存在组织坏死,是否存在全身过敏反应等。

【用具准备】

1%～3%冰醋酸(或1%盐酸)、蒸馏水、酒精、乙醚及动物血液等。显微镜、血细胞计数板、计数器、血盖片、小试管、0.5毫升吸管、洗耳球、擦镜纸等。

【操作步骤】

1.血液稀释

采用3%乙酸溶液,即取冰乙酸3毫升,加蒸馏水至100毫升混合。在小试管中加入稀释液0.38毫升,用沙利氏吸管吸取供检血液20微升,立即吹入稀释液中,并将吸管壁的血洗入稀释液内,轻轻摇匀。

2.寻找计数室

将计数板盖上血盖片平放在显微镜的载物台上,用低倍镜,暗视野寻找计数室,将镜头调到白细胞计数室中,位置在四角的 4 个大方格中的任何一个。

3.充液

将配好的稀释液用吸管吸取一滴充在计数板与血盖片之间,并静置 1～2 分钟再计数。

4.镜检计数

用低倍镜计数,计 4 个角上的 4 个大方格(共有 16×4＝64 个中方格)的白细胞数,按顺序全部数完。

5.计算

$$白细胞数(个/毫米^3)=\frac{W}{4}\times20\times10$$

式中:W 为四个大方格内的白细胞总数;$\frac{W}{4}$ 为一个大方格内的白细胞数;20 为稀释倍数;10 为血盖片与计数板的实际高度是 0.1 毫米,乘 10 后则为 1 毫米。

【诊断意义】

1.白细胞增多

可见于多数细菌性感染和炎症,如猪丹毒、猪肺疫、结核病、肺炎、胸膜炎、腹膜炎等。白血病时以白细胞的显著增多为特征。

2.白细胞减少

主要见于某些病毒性传染病,如猪瘟、流感等;某些重度疾病的后期;长期应用某些药物等。

【注意事项】

(1)在计数时,不要把杂质和白细胞相混淆,否则会影响结果。比如把尘埃等异物与白细胞混淆。须知白细胞在低倍镜下呈圆形,淡紫色,边缘清楚,其大小、形状、颜色、光泽较为规则一致,而其他异物却无此特点。必要时可用高倍镜观察有无细胞结构,加以区别。

(2)四个大方格的白细胞数之间的误差不能超过20%。

第四节　　白细胞分类计数

【应用范围】

用于疾病的诊断、预后及疗效观察。

【用具准备】

瑞氏染色液、缓冲液、蒸馏水、香柏油、载玻片、脱脂棉、玻璃铅笔、吸水纸、染色缸、染色架、试管架、显微镜、擦镜纸、分类计数器等。

【检查内容】

一、血涂片的制备

1.方法

用左手的拇指与中指夹持一张载玻片,先以细玻棒取血一小滴置载玻片的一端,然后右手持另一张边缘平滑的推片,倾斜30°~45°角,由血滴的前方向后接触血滴,待血液扩散成线状后,立即以均等的速度轻而平稳地向前推进涂抹,直至血液推尽,形成血膜。

2.注意事项

涂片时,血滴越大,角度越大,推片速度越快,则血膜越厚,反之则血膜越薄。白细胞分类计数的血片宜稍厚,进行红细胞形态及血原虫检查的血片宜稍薄。一张良好的血片,要求厚薄适宜,血液分布均匀,边缘整齐,能明显分出头、体、尾三部分,两侧留有空隙。血膜分布不均,主要是由于推片不齐,用力不均,玻片不洁所致。推好的血片可在空气中挥动,使其迅速干燥,以防细胞皱缩变形,并尽快固定染色。

二、血涂片染色

1.瑞氏染色法

血膜干后,用玻璃铅笔在血膜两端画线,以防染液外溢。将血片平置于染色架上,滴加瑞氏染液,以盖满血膜为宜。1～2分钟后,再滴加等量的磷酸盐缓冲液,轻摇玻片或吹气,使之混匀。5～10分钟后,用蒸馏水直接冲洗,切勿先倾去染液再冲洗(否则沉淀物附于血膜上而不易除去),干燥后可供镜检。

2.姬氏染色法

将血片用甲醇数滴固定3～5分钟后,再直立于盛有姬氏应用液的染色缸中,经染色30～60分钟,取出血片,用蒸馏水冲洗,干燥后即可镜检。

3.瑞-姬氏复合染色法

姬氏染色对细胞核及血原虫效果较好,对胞浆及颗粒的染色则不如瑞氏染色法。采用复合染色,如掌握得法,可兼取二者的长处。用瑞氏染液染色1~2分钟,再用姬氏应用液复染8~10分钟即可。

三、镜检计数

先用低倍镜全面观察血片上细胞分布情况及染色质量,找到图像。然后选择染色良好、细胞分布均匀的部分,用油镜进行分类。比重大的细胞(粒细胞、单核细胞等)多分布在血片的边缘和尾部,比重小的细胞(如小淋巴细胞等)则多分布在血片的头部和中间,为减少这种细胞分布的固有误差并避免重复计数,血片必须按一定方向曲折移动而分类计数,并且分类计数的白细胞总数至少要达100个(当然计数200~300个白细胞,其百分率更为准确)。记录时,可用白细胞分类计数器,或设计一个表格,用画“正”字的方法加以记录。

【形态观察】

1.中性粒细胞(图7-5)

数量最多的白细胞。核杆状或分2~5叶。核左移,1~2叶核增多。核右移,4~5叶核增多。胞质粉红色,有颗粒。

2.嗜碱性粒细胞(图7-6)

数量最少的白细胞。直径12~15微米,分叶核,核2叶,细胞质深紫色,含有较小的染色颗粒。

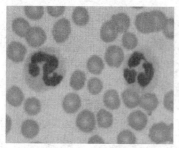

图 7-5　中性粒细胞

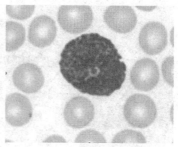

图 7-6　嗜碱性粒细胞

3.嗜酸性粒细胞(图 7-7)

直径 10～12 微米,核多为 2 叶。

4.单核细胞(图 7-8)

体积最大的白细胞,直径 14～20 微米。核卵圆形或肾形,常有折叠,染色质疏松,胞质灰蓝色,含嗜天青颗粒。

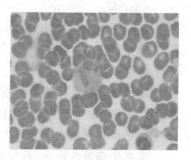

图 7-7　嗜酸性粒细胞

5.淋巴细胞(图 7-9)

小淋巴细胞:直径 6～8 微米,胞质少,强嗜碱性,核圆有侧凹,染色质块状着色深。

中淋巴细胞:直径 9～12 微米,胞质较多,含少量嗜天青颗粒,核染色质较疏松,着色略浅。

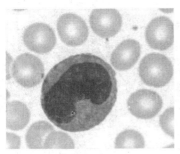 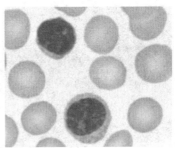

图 7-8　单核细胞　　　　　图 7-9　淋巴细胞

大淋巴细胞:直径 13~20 微米,主要存在于组织中。

【诊断意义】

1. 中性粒细胞增多

常见于各种急性感染性疾病、急性炎症及重症烧伤、创伤等。如猪肺疫、肺炎及化脓性感染等。

2. 中性粒细胞减少

常见于病毒性疾病、药物中毒及各种疾病的重危期,如中毒性休克、胃肠破裂等。

3. 嗜酸性粒细胞增多

见于某些寄生虫病、过敏性疾病(荨麻疹等)以及湿疹、疥癣等皮肤病。

4. 嗜酸性粒细胞减少

见于某些疾病的重症期,如败血症,也可见于应用皮质类固醇药物。嗜酸性粒细胞长时间消失,表示预后不良,但消失后又重新出现,则说明病情好转。

5.淋巴细胞增多

见于某些慢性传染病、淋巴性白血病、急性传染病的恢复期、某些病毒性疾病及血孢子虫病等。

6.淋巴细胞减少

当中性粒细胞绝对值增多时,伴随减少的常常是淋巴细胞。说明机体与病原处于斗争阶段,此后淋巴细胞由少逐渐增多,往往是预后良好的指征。

【注意事项】

(1)载玻片应事先处理干净。

(2)推片的边缘要平整光滑,否则血膜边缘不均匀且不整齐。

(3)画线的作用是防止染色液外溢,对染色效果没有影响。

(4)推制血片时用力要均匀,血膜薄厚要一致,推制的血片有头尾。

(5)滴加瑞氏染液的量要适当。

【本章小结】

白细胞分类计数要在油镜下观察染色血涂片,计数100～200个不同类型的白细胞,计数的数量越大,误差就越小。要避免计数细胞重叠和变形区域,始终使用同一种方式观察血涂片,以确保随机取样和避免同一区域计数两次。血细胞人工计数试验数据不同人结果不同,出现这个问题的原因主要是跟经验、技术有关。

【复习思考题】

1.简述各种动物采血的方法。

2.简述革兰氏染色的步骤、瑞氏染色的步骤。

3.简述红细胞计数的方法与红细胞的识别。

4.简述白细胞计数与白细胞分类计数的方法与白细胞的识别。

5.血细胞计数的诊断意义是什么？

第八章　尿常规检查

【知识目标】

掌握尿液理化性状检查的内容及方法,明确尿液理化性状检查的诊断意义。

【技能目标】

尿液的物理性状检查、尿液的化学性状检查和尿沉渣检验。

第一节　采集尿液

【应用范围】

用于泌尿系统疾病的检查。

【用具准备】

导尿管、穿刺针等。

【检查内容】

一、收集自然排尿

1.方法

一般情况下,可在动物自然排尿时接取尿液。特殊动物种类如猫,可以应用水晶猫砂,将猫砂放在一个易于收集尿液的盒子里,采集尿液。

2.注意事项

自然排尿采尿时,中段尿液是最好的,因为开始的尿流会机械性地把尿道口和阴道或阴茎和包皮中的污物冲洗出来,尿液容易被尿道或生殖道、环境污染。从笼子或地上采到的尿样较差,但如果考虑了污染因素,还是十分有效的。但是污染物与细胞、细菌有关时,必须用另一种采尿方法来证明尿样的异常。自然排尿是评价血尿时的首选采尿方法,因为其他的方法会在采尿时导致出血而增加红细胞的量。

二、压迫膀胱

1.方法

采用压迫膀胱促使动物排尿。

2.注意事项

如果泌尿系统存在外伤,压迫膀胱时会使尿液样品中的红细胞和白细胞人为增加。如果动物发生尿道阻塞、膀胱最近有大的外伤或做过膀胱切开术,不能用压迫膀胱来采尿。过大的压力会使膀胱破裂,而膀胱自身有病时则更容易破裂。强行压迫膀胱采尿会引起尿液从膀胱逆流回输尿管,增加逆行感染的危险。在评价用该方法采得的尿液时,必须考虑尿道口、阴道或阴茎和包皮的污染情况。

三、导尿

1.方法

采用输尿管导尿。

2.注意事项

导尿要在无菌的条件下进行。雌性的尿道口不可以直接看到,导尿可借助阴道反射镜、耳镜或喉镜进行操作。在导尿时把细菌带入膀胱,可能造成健康犬、猫的下泌尿道发生逆行感染。存在尿道感染的病例易造成医源性细菌感染。送导尿管时用力过大可能导致患病的尿道或膀胱破裂。操作错误也可导致正常的尿道和膀胱破裂。导尿时,存在的伤口会使样品中的红细胞、白细胞、尿道和膀胱上皮细胞增加。

四、膀胱穿刺

1.方法

动物常采用背侧躺卧保定,烦躁的动物需要镇静。固定住充盈的膀胱,用 22 号针头穿刺,针头朝向骨盆入口方向,尽量多地抽出膀胱内的尿液,随着尿液的减少,膀胱的位置会向尾侧缩小,针的角度也要随之变动。

2.注意事项

膀胱穿刺可以避免尿道口、阴道、阴茎、包皮和会阴污染物的污染,可以使尿样中的非尿道污染减少到最小。近期进行过膀胱切开术和有严重的膀胱外伤,不能采用穿刺方法采集尿样。针孔造成的外伤可能引起医源性的血尿和膀胱穿刺部位尿液进入腹腔。最好在早上采尿样,因为这是一天中尿样浓度最高的时候。要用干净的且没有化学污染的容器采集。采集到的尿样应该尽快分析,如果不能在 30 分钟内分析,应冷藏保存。

第二节　尿液的物理性状检查

【应用范围】

检查尿色、透明度、气味、比重等。通过视觉、嗅觉以及借助比重计等测量确定物理性状，以判定机体疾病状况。

【用具准备】

洁净小烧杯、滴管、尿比重计等。

【检查内容】

一、识别尿色

(一)正常颜色

正常动物的尿色为淡黄色、黄色到深黄色，颜色的变化是由尿液中胆红素的浓度和尿量决定的，牛尿呈淡黄色，猪尿呈水样无色，犬尿呈鲜黄色。

(二)异常颜色

1.无色或淡黄

一般为比重低的稀薄尿液，见于动物大量饮水、肾病末期、尿崩症、肾上腺皮质功能亢进、子宫积脓和一些伴有糖尿的疾病。

2.暗黄色或褐黄色

一般为比重高的浓缩尿液，见于饮水减少或脱水、急性肾炎、热性疾病、胆红素尿和尿胆素原尿。

3.红色、葡萄酒色或褐色

常见于血尿、血红蛋白尿、肌红蛋白尿、卟啉尿或药物尿。血尿一般为红色云雾状，离心后上清液清亮，沉渣为红细胞。排尿开始即排红色尿，多为尿道下部或生殖道出血；排尿结束前排红色尿多为膀胱出血。血红蛋白尿和肌红蛋白尿为半透明的红褐色，离心后无红细胞沉淀，长期储存可变成褐色或褐黑色。卟啉尿为红色、粉红褐色到红褐色。服用大黄、芦荟、刚果红、硫化二苯胺等，尿液变为红色。

4.绿色

常见于用美蓝防腐的尿、胆绿素尿和吖啶黄素尿。

5.乳白色

常见于尿中含有乳糜、脓细胞，正常尿中如含多量磷酸盐，也可呈乳白色，尤其是在冬季气温低时更为常见。

二、识别透明度与黏稠度

检查透明度时，将尿液置于小烧杯中对着光线检查；检查黏稠度时，可用滴管吸取尿液，以观察有无絮状丝状物存在。

(一)动物正常的新鲜尿液

呈清亮状态，放置时间稍长有结晶盐形成沉淀而变得混浊。但正常马属动物的新鲜尿液中，因含有大量碳酸钙结晶和黏液，故混浊不透明，而牛、羊、猪及肉食动物尿液透明、不混浊、无沉淀。对有些犬猫而言，云雾状尿液可能是正常的。

(二)不正常尿液

马属动物尿液混浊度增加或其他动物新鲜尿液呈混浊不透明者,均为异常现象。新鲜尿液变得混浊,是由于尿中含有矿物质结晶、细胞、血液、黏液、细菌、管型和精子等,提示肾脏和尿道疾病。有时也不一定是病理性混浊,可用显微镜检验尿沉渣而予以鉴别。

对于犬、猫尿液云雾状或模糊的外观异常,见于过多的红细胞、白细胞、上皮细胞、细菌或真菌、精子、前列腺液、黏液、结晶;尿液絮状的外观,见于白细胞聚集、上皮细胞聚集、小结石或沙粒等。

三、识别气味

(一)正常气味

尿液的气味源自挥发性脂肪酸。尿液放置时间长了,由于细菌脲酶作用而使尿素分解生成氨,具有刺鼻的氨味。

(二)不正常气味

膀胱炎或尿道阻塞,当膀胱潴留时,尿液可具有强烈的刺鼻氨味;膀胱和尿道有化脓性炎症、溃疡或坏死时,尿液可有腐败的臭味;酮病、糖尿病时,尿液带有丙酮气味,常见奶牛病情严重时候呼出气体、尿液和乳汁有烂苹果的气味。

四、测定尿密度

尿密度检验有检验其渗透压和比重两种方法,尿渗透压检验用渗透压计,尿比重检验用尿比重计或兽用折射仪(图 8-1)。

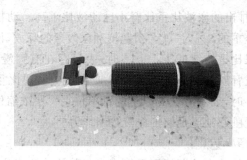

图 8-1　兽用折射仪

(一)方法

将尿盛放于量筒内,然后将尿比重计沉入尿中,待其稳定后,读取尿比重计的读数。如尿量不足,可用蒸馏水稀释,将读数的最后两位数乘以稀释倍数,即得原尿的比重。

(二)正常值

马 1.025~1.055　牛 1.025~1.050　羊 1.015~1.065
猪 1.018~1.022　犬 1.020~1.050

(三)诊断意义

1. 尿比重增高

见于动物饮水过少,出汗过多;也可见于热性病、便秘、重度胃肠炎、急性胃扩张、中暑、腹膜炎及急性肾炎等。

2. 尿比重降低

见于采食多汁饲料和青饲料,大量饮水;也可见于肾机能不全、间质性肾炎、肾盂性及神经性多尿病等。尿比重大于 1.025,表明肾脏浓缩能力正常。具有正常浓缩尿液能力的动物,排出的尿液比重比肾小球滤液比重高。动物机体脱水超过体重的 3%时,就会引起抗利尿激素的释放,使尿液变浓缩。尿比重持续低于 1.012 时,表示存在有弥漫性肾病、尿崩症或肾脏对抗利尿激素不能产生反应。尿比重持续低于 1.008 时,表示有 2/3 以上的肾单位丧失尿浓缩作用。新生动物肾脏都缺乏足够的尿液浓缩能力。

【本章小结】

尿液检验在诊断泌尿系统疾病与其他一些疾病时,具有重要的诊断意义,尤其对泌尿系统更显得重要。对动物的预后与验证疗效也可提供参考。

【复习思考题】

1.简述尿液常规检查的项目。

2.简述血尿和血红蛋白尿的区别。

3.尿中出现血液,见于哪些疾病?

4.新生仔畜溶血病尿液会出现哪些变化?

第九章 粪便常规检查

【知识目标】

掌握粪便潜血检验的意义,掌握粪便虫卵检验方法。

【技能目标】

临床粪便潜血的检验,粪便中虫卵的检验。

第一节 粪便中细胞成分观察

【应用范围】

了解消化道及与消化道相通的肝、胆、胰等器官有无炎症、出血、寄生虫感染等疾病以及了解胰腺和肝胆系统的消化与吸收功能状况。

【用具准备】

显微镜、载玻片、盖玻片、粪便病料、生理盐水等。

【检查内容】

由粪便的不同部分采取少许粪块,置于载玻片上,加少量生理盐水,用牙签混合并涂成薄层,以能透过书报字迹为宜,涂片后覆以盖玻片镜检,仔细寻找细胞、寄生虫卵、细菌、原虫,并观察各种食物残渣以了解消化吸收功能。

【诊断意义】

1. 白细胞

主要是中性粒细胞,正常粪便中不见或偶见,肠道炎症时增多。结肠炎症时如细菌性痢疾，可见大量白细胞、脓细胞、小吞噬细胞。过敏性肠炎、肠道寄生虫病（如钩虫病）时，粪便中可见较多嗜酸性粒细胞。

2.红细胞

正常粪便中无红细胞，肠道下端炎症或出血时可出现，如痢疾、溃疡性结肠炎、结肠直肠炎等。

3.吞噬细胞

直径为中性粒细胞的 3 倍以上，圆形、卵圆形或不规则形，核型多不规则，胞浆常含有吞噬颗粒及细胞碎屑，见于细菌性痢疾和直肠炎症。

4.肠黏膜上皮细胞

为柱状上皮细胞，呈卵圆形或短柱状，两端圆钝。正常粪便中不易见到。结肠炎症时，上皮细胞增多，常夹杂于白细胞之间。伪膜性肠炎时粪便的黏膜小块中多见，胶冻样分泌物中大量存在。

5.肿瘤细胞

消化道肿瘤时，可能发现成堆的肿瘤细胞。

6.淀粉颗粒

为大小不等的圆形或椭圆形呈特殊轮状结构的颗粒，滴加碘液后染成蓝色。见于腹泻、慢性胰腺炎、胰腺功能不全等。

7.脂肪小滴

健康动物粪便很少见到脂肪小滴，粪便中脂肪含量增多表示脂肪吸收不全，常见于肠炎、肝脏及胰腺疾病等。镜检见大小不一、圆形、折光性强的脂肪小滴。

8.肌肉纤维

肉食动物粪便中可见少许淡黄色条状、片状的横纹肌纤维片,但在一张盖玻片下不应多于 10 个(图 9-1)。肠蠕动亢进、腹泻、胰腺外分泌功能减退时增多。

图 9-1 肌肉纤维

9.植物纤维及完全未消化的饲料

植物纤维(图 9-2)及完全未消化的饲料消化不良时多见。

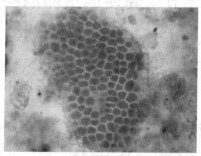

图 9-2 植物纤维

10.异常致病菌

肠道杆菌属于革兰氏阴性杆菌,常寄居在肠道内,随粪便排出,广泛分布于水、土壤或腐物中。肠道杆菌种类繁多,大多数是肠道的正常菌群,但当宿主免疫力降低或细菌移位至肠外部位时,可成为条件致病菌而引起疾病。可引起轻微症状、化脓性肠炎,严重可引起死亡。

11.真菌

属于肠道致病菌,正常不存在,发现属于致病菌,可引起腹泻、肠黏膜脱落等。主要有链格孢霉、白色念珠菌、酵母菌及其他真菌。在龙猫、兔子等啮齿类动物粪便中发现属于正常,因草食动物靠肠道菌消化食物。

12.寄生虫

绦虫、吸虫、线虫、球虫、滴虫成虫及其虫卵等。

第二节 粪便内虫卵的检查

【应用范围】

了解消化道及与之相通的肝、胆、胰等器官有无寄生虫感染等疾病,临床上粪便的一般性检查只能粗略推断病因。

【用具准备】

50%甘油生理盐水,镊子或牙签,铁架台,漏斗,盖玻片,载玻片,显微镜,饱和盐水,双层纱布或棉花,200毫升烧杯数个,纱布或40~60目的铜筛,铂耳或直径0.5~1.0厘米的铁丝圈,离心机,搅拌棒。

【检查内容】

一、直接涂片法

1.操作方法

取一片洁净的载玻片,在玻片中央滴加 1～2 滴 50％甘油生理盐水。然后用镊子或牙签挑取少量粪便,与甘油生理盐水混匀,夹去较大的或过多的粪渣,涂布均匀,使玻片上留有一层均匀的粪液,其浓度的要求是将此玻片放于报纸上,能通过粪便液膜模糊地辨认其下的字迹为合适。在粪膜上覆以盖玻片,置低倍显微镜下检查。检查时,应顺序地查遍盖玻片下的所有部分。如发现虫卵,再换高倍镜仔细观察。

2.注意事项

(1)如无甘油生理盐水可以用常水代替。

(2)适用于检查各种蠕虫的虫卵、球虫卵囊等,但检出率较低。

(3)当畜禽体内寄生虫数量不多而粪便中虫卵少时,有时不能查出虫卵。

二、集卵法

(一)自然沉淀法

(1)取粪便 5～10 克置于烧杯中,加清水 100 毫升以上,搅匀成粪汁。

(2)通过 40～60 目铜筛或两层纱布过滤,滤液收集于另一烧杯中,静置沉淀 20～40 分钟,倒去上层液,保留沉渣。

(3)再加水混匀,再静置沉淀,如此反复操作直到上层液体透明澄清后,倒去上层液,用滴管或吸管吸取沉渣滴于载玻片上,加盖玻片做成涂片镜检。

(二)离心沉淀法

(1)取粪便 1～2 克,放在干净的小烧杯中,约加 10 倍量的水,充分混匀成悬浮液。

(2)通过 40～60 目铜筛或两层纱布过滤,滤液收集于另一干净的离心管中,放入离心机内。可以用自然沉淀法处理过的滤液倒入离心管中。

(3)以 2 500～3 000 转/分离心沉淀 3～5 分钟,取出后倾去上层液,再加水搅和,离心沉淀,如此反复操作,直到上层液透明为止,最后倒掉上清液,取沉渣制片镜检。制片厚度要求同直接涂片法。

此法适用于检查吸虫卵。

(三)饱和盐水浮集法

(1)配制饱和盐水溶液:先将水煮开,然后加入食盐搅拌,使之溶解,边搅拌边加食盐,直加至食盐不再溶解而生成沉淀为止,再以双层纱布或棉花过滤至另一干净的容器内,待凉后即可使用。一般是在 1 000 毫升沸水中加食盐 380克,比重约 1.18。

(2)取 5～10 克粪便,置于 100 毫升烧杯中,加入少量饱和盐水搅拌混匀。

(3)然后继续加入 10～20 倍的饱和盐水,用玻棒搅匀。

(4)通过 60 目铜筛或两层纱布过滤,将滤液置于试管内,滤液静置 30 分钟左右,比饱和盐水比重轻的虫卵大多浮于液体表面。

(5)用铂耳或直径 0.5～1.0 厘米的铁丝圈平着接触滤液表面,提起后将金属圈上的液膜抖落于载玻片上,如此多次蘸取不同部位的液面后,加盖玻片镜检。

(6)注意事项如下:

本法检出率高,在实际中应用比较多。

利用比虫卵比重大的溶液作为检查用的漂浮液,使寄生虫的虫卵、球虫卵囊等浮聚于液体表面,取表膜液制片镜检,以提高检出率。

该法适用于检查粪便中的线虫卵、绦虫卵和球虫卵囊。

(四)锦纶筛兜集卵法

取粪便 5～10 克,加水搅匀,先通过 260 微米(40 目)的铜筛过滤;滤下液再通过 58 微米(260 目)锦纶筛兜过滤,并在锦纶筛兜中继续加水冲洗,直到洗出液体清澈为止;尔后取兜内粪渣涂片检查。此法适用于宽度大于 60 微米的虫卵。

三、幼虫检查

1. 操作方法

在固定于漏斗架上的漏斗下端接一根 10～15 厘米长的胶皮管,其下端用止水夹固定,胶皮管下接离心管。取 10～

20克粪便放在漏斗里的金属网筛上,沿漏斗边缘缓缓加入40℃左右的温水,直到把粪便淹没为止,静置0.5～3小时,幼虫从粪便中游出,沉于底部;小心打开止水夹,使底部的液体流入离心管内,离心沉淀1分钟,吸去离心管内的上层液,把底部的沉淀物摇匀,用滴管移至载玻片上,或全部倒入小平皿内,用放大镜或在低倍显微镜下检查有无活动的幼虫。检查时需计数发现的幼虫数目,以估计动物受侵袭的程度。

2.注意事项

用于随粪排出的幼虫或粪便培养物、器官组织及土壤、饲料中的幼虫的检查。

【虫卵的识别】

常见虫卵有球虫卵(图9-3)、钩虫卵(图9-4)、吸虫卵(图9-5)、绦虫卵(图9-6和图9-7)、滴虫卵(图9-8)、蛔虫卵(图9-9)、鞭虫卵(图9-10)等。

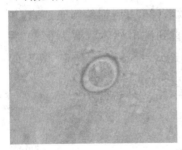

图9-3 球虫卵

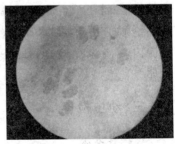

图9-4 钩虫卵

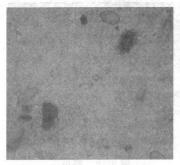

图 9-5　猫吸虫卵

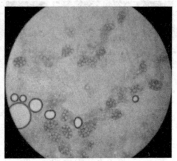

图 9-6　绦虫卵(一)

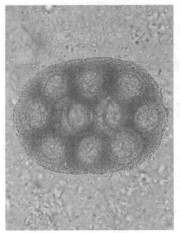

图 9-7　绦虫卵(二)

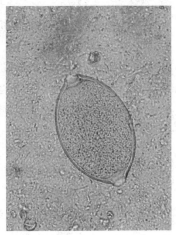

图 9-8　滴虫卵

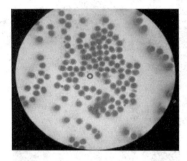

图 9-9　蛔虫卵

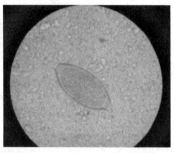

图 9-10　鞭虫卵

【本章小结】

　　粪便检查是寄生虫病诊断的基本、常用的检查方法。多种寄生虫如吸虫、绦虫、线虫、球虫等，寄生于畜禽的消化系统或呼吸系统，某一发育阶段的病原体，常随畜禽的粪便排出，因此，检查粪便发现有寄生虫的虫卵、幼虫、虫体或虫体断片，可确诊畜禽消化系统、呼吸系统和泌尿生殖系统的寄生虫病。

【复习思考题】

　　1.简述饱和盐水浮集法和沉淀法检查虫卵的方法。

　　2.如何识别虫卵？

　　3.简述粪便检查的临床诊断意义。

第十章 皮肤螨虫检查

【知识目标】

掌握皮肤螨虫检查病料的采集方法及一般诊断方法。

【技能目标】

皮肤螨虫检查病料的采集,病料检测方法及虫体识别。

【用具准备】

显微镜、剪毛剪、载玻片、盖玻片、刀片、氢氧化钾溶液、离心机等。

【病料的采集】

刮取病变部与健康部交界处的皮屑,刮取皮屑时,先剪毛,然后用外科刀片,刀刃与皮肤表面垂直,稍用力刮取,下接一培养皿或试管,直到皮肤轻微出血。寄生于犬身上的蠕形螨则可用力挤压病变部,挤出"脓液"在载玻片上推匀供镜检。

【检查内容】

一、检查活螨

1. 直接检查法

将刮下的干燥皮屑放于培养皿内或黑底纸上,在日光下暴晒,或用炉火等给以 40～50℃的加温,经 30～40 分钟后,用肉眼观察(在培养皿下衬以黑色背景),可见白色的虫体在黑色背景上移动。本法适用于检查痒螨。

2.显微镜检查法

将刮取的皮屑或刀刃上蘸有的皮屑置于滴有植物油的载玻片上,混匀,盖上盖玻片,镜检是否有活动爬行的螨。也可将新鲜皮屑置载玻片中央,滴加少量 10％～15％氢氧化钾溶液,加盖玻片,将手轻按盖玻片,使被检材料在两玻片间扩散成均匀的薄层,先用低倍镜观察,发现虫体后,换油镜检查。

3.温水检查法

将皮屑浸入 40～45℃温水中,置恒温箱中,活螨在温热的作用下,从皮屑中爬出,集成团,沉于水底,1～2 小时后,应用孔径大小适宜的筛网将浸过的皮屑取出,将液体中沉淀连同少量液体倾于表面玻璃上,放于显微镜下观察。

4.培养皿内加温法

将刮取的干燥皮屑放于培养皿内,不要加油,加盖后,将培养皿平放于盛有 40～45℃温水的杯上,经 10～15 分钟后将培养皿翻转,则虫体与少量皮屑黏附于皿底上,而大量皮屑和少量虫体则倒在皿盖上,取皿底检查,如将皿盖继续放在温水杯上,15 分钟后可再反复进行以上操作。本法收集的虫体,可制作玻片标本。

二、检查死螨

1.煤油浸泡检查

将皮屑置于载玻片中央,滴上数滴煤油,加盖玻片,搓动上面的盖玻片,使皮屑破碎,如煤油不够,可沿盖玻片边缘缝隙补充滴入。用解剖显微镜或低倍显微镜检查,可见到轮廓明显的螨,因螨体内有不溶于煤油的液体组织存在。

2. 虫体沉淀法

将刮取的皮屑放于试管中,加 5～10 毫升 5%～10% 氢氧化钠(钾)溶液后,浸泡 2 小时,或者煮沸数分钟,应根据氢氧化钠(钾)浓度适当地掌握煮沸的时间,处理过度时,虫体可能遭到不同程度的溶解。然后待其自然沉淀或以 2 000 转/分离心沉淀 5 分钟,取沉淀物镜检可发现成虫、稚虫、幼虫、卵。

【虫体的识别】

常见螨虫有姬螯螨(图 10-1)、蠕形螨(图 10-2)、疥螨(图 10-3 和图 10-4)、耳螨(图 10-5 和图 10-6)等。

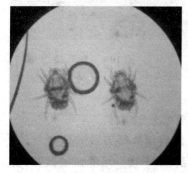

图 10-1　姬螯螨

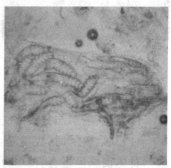

图 10-2　蠕形螨

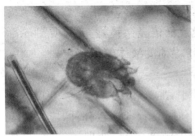

图 10-3　犬疥螨

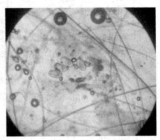

图 10-4　犬疥螨卵

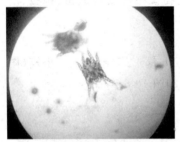

图 10-5　犬耳螨

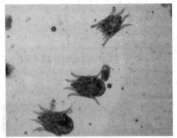

图 10-6　猫耳螨

【注意事项】

(1)在病变部与健康部交界处采集病料。

(2)刮取皮屑时,先剪毛,然后用外科刀或其他刀具,刀刃与畜体皮肤呈垂直,稍用力刮取,下接一培养皿或试管,直到皮肤轻微出血。

【本章小结】

动物皮肤螨虫检查病料采集时,皮肤刮片分浅表皮肤刮片和深层皮肤刮片:浅层皮肤刮片用于疥螨、姬螯螨、耳螨、恙螨的观察,深层皮肤刮片主要用于蠕形螨病的诊断。

【复习思考题】

1.简述皮肤螨虫检查病料的采集方法。

2.简述螨虫的检查方法。

第十一章 影像检查

【知识目标】

熟练掌握 B 超检查的操作步骤。掌握 X 线机操作的方法和步骤。

【技能目标】

B 超检查的操作步骤，B 超在生殖器官检查中的临床应用。看懂 B 超声像图。X 线透视的操作步骤和方法。X 线摄片的操作步骤与方法。X 线造影检查法的临床应用。

第一节　B 型超声波检查

B 型超声诊断仪可实时显示被探查部位的切面声像图，具有直观，诊断率高，重复性好，方法简便、快速，无损伤，无疼痛，无副作用等优点。

【仪器构造】

B 型超声诊断仪是由主控电路、发射电路、接收电路、扫描发生器、图像显示器和换能器构成的(图 11-1)。

【应用范围】

主要用于动物内脏器官疾病诊断，如心脏病、肿瘤病、消化系统及泌尿系统疾病诊断等，妊娠检查及产科疾病诊断，观察动物孕囊、胎体、胎心搏动、胎动、胎儿数目及性别鉴定等。

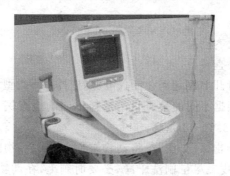

图 11-1　B 型超声诊断仪

【用具准备】

超声诊断仪一台,高频线阵探头一个,高频凸阵探头一个,低频大凸探头一个,耦合剂若干,剃毛推子一把。

【动物准备】

(1)将动物被检部位的污物除去,探头接触部位皮毛尽量刷洗干净。检查部位要尽量剃毛,因毛发干扰超声成像的质量。

(2)腹部超声检查和妊娠诊断时,动物应禁食 12~24 小时,但不要超过 24 小时,超过 24 小时后肠内会产生过多的气体。同时,允许动物自由饮水,使动物膀胱充盈,从而提高成像质量。

(3)胸部超声检查特别是心脏超声检查,需要从支持侧进行扫查,借助重力作用,使气体向对侧移动从而提高成像质量。所以,胸部检查通常需要配备中间有孔的心脏检查台。

【检查内容】

(1)检查设备,选用合适的探头。

(2)打开 B 型超声诊断仪电源,选择超声类型,调节辉度及聚焦,根据不同的检查目的选择不同的检查探头,探头频率一般为 3.5～10 兆赫。

(3)动物保定、摆位,将动物被检部位的污物除去,探头接触部位皮毛尽量刷洗干净,必要时剃毛,在动物皮肤和探头发射面涂耦合剂。

(4)扫描动物,调节辉度、对比度、灵敏度和视窗深度对动物进行详细检查。当得到满意图像时,立即"冻结"使声像图定格,以便对探测到的图像进行观察和诊断。

(5)存储图像,对图像进行编辑、打印。

(6)关机、断电源。

【注意事项】

(1)操作者应该熟悉仪器的性能,能够正确调节各个按钮。

(2)为了保证图像清晰,动物要保定好,防止动物躁动。

(3)探头接触部位的皮毛应尽量刷洗干净,必要时剃毛。

(4)一般规定连续对一个断面的探查时间不得超过 1 分钟。

(5)生殖系统 B 超检查时,动物最好空腹 24 小时。

【B超诊断的应用】

一、妊娠诊断

(一)犬妊娠诊断

犬的妊娠期为 62 天(58～65 天),卵子受精后 17～18 天开始着床。犬的胎盘为环状胎盘,胎盘中形成血窦。

1.探查方法

犬自然站立、人工扶持或躺卧保定。探查部位在后肋部、乳房边缘,或下腹部脐后 3～5 厘米处。除长毛犬外,不需剪毛,只要将毛分开,多涂一些耦合剂即可进行探查。B超常用超声频率为 3.5～5.0 兆赫,体外探查。可观察到孕囊横切面声像图。实时扫描可见闪烁的胎心搏动(图 11-2)。

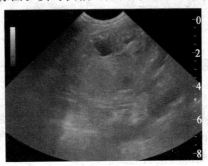

图 11-2 犬妊娠声像图

2.犬胎龄(GA)预测

在妊娠 40 天之前,可根据最大胎囊直径(GSD)或头顶至臀后长度(CRL)按公式估算：

$$GA = (6 \times GSD) + 20 = (3 \times CRL) + 27$$

在妊娠 40 天之后，可根据头部最大横径(HD)或肝脏水平位置的最大体腔直径(BD)按公式估算：

$$GA = (15 \times HD) + 20 = (7 \times BD) + 29$$
$$= (6 \times HD) + (3 \times BD) + 30$$

(注：胎龄以天计；直径、长度、横径以厘米计。)

(二)猫妊娠诊断

猫妊娠期为 58 天(55～60 天)，诊断方法基本同犬。用 B 型超声诊断仪探查，配种后 21 天可探到胎儿。猫的胎龄估算公式为：

$$GA = (25 \times HD) + 3 = (11 \times BD) + 21$$

二、内脏器官检查

(一)犬、猫肝胆系统的检查

B 超可以诊断肝脏的脓肿、血肿和肝硬化、脂肪肝等，胆囊内或胆管内结石等。还可引导进行肝脏的穿刺检查，从而达到及时正确诊断疾病的目的。

1.扫查方法

采取仰卧位及侧卧位保定。局部剃毛，涂耦合剂。探头与皮肤保持垂直并充分密合。在剑突后方和沿肋弓扫查。选用探头频率 5 兆赫以上的高频探头。

2.正常声像图

正常肝实质为均匀分布的细小光点,中等回声。肝内管道结构呈树状分布。肝内门静脉壁回声较强,肝静脉及其一级分支也能显示,但管壁很薄、回声弱。肝内胆管与门静脉并行,管径较细。肝内动脉一般难以显示。

正常胆囊的纵切面呈梨形或长茄形,边缘轮廓清晰,胆囊壁为纤细光滑的中等回声带。囊腔内为无回声区,后壁和后方回声增强。横切面上,胆囊显示为圆形无回声区。

(二)犬、猫脾脏的检查

脾脏常见的疾病有脾破裂、血肿、扭转、变位等,B超对区别诊断这些疾病快速准确。

1.扫查方法

仰卧或右侧卧,扫查位置在左侧 10～12 肋间或最后肋弓部。选用探头频率 5 兆赫以上的高频探头。

2.正常声像图

正常脾脏的声像图整体回声强度均高于肝脏。脾实质呈中等至高强度的微细均质回声,周边回声强而平滑,脾包膜呈光滑的细带状回声。外侧缘呈弧形,内侧缘凹陷,为脾门。脾静脉、脾动脉为管状无回声区(图 11-3)。

(三)犬、猫胰腺的检查

1.扫查方法

探查时可采用仰卧位、右侧卧位或站立位。通常用 5.0 兆赫或 7.5 兆赫线阵或凸阵探头在仰卧位下探查。

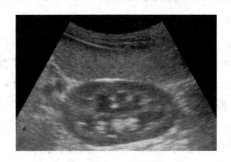

图 11-3　脾脏、肾脏声像图

2.正常声像图

胰腺内部声像图呈均匀细小光点回声,多数回声稍强于肝。

(四)犬、猫肾脏的检查

1.扫查方法

选择仰卧位扫查,有时也会用到侧卧位扫查。位置在左右 12 肋间上部及最后肋骨上缘。备检部位剃毛,并涂抹耦合剂。肾脏所在深度随动物体型的不同而有所差别,小型犬和猫使用高频探头,大型犬则需使用低频探头。深胸犬的右肾检查常受体型的限制较大,使用接触面较小的凸阵探头显示效果更佳。肾脏扫查时应从头极到尾极,从外到内进行多个横断面和纵断面扫查,以便完整地评估肾皮质、髓质和集合系统。

2.正常声像图

肾包膜回声强而平滑,勾勒出肾的轮廓。肾皮质为低强度均质微细回声,强度略低于或等于肝脏回声,显著低于脾脏回声。与皮质相比,肾脏髓质呈低回声结构。肾髓质呈多个无回声暗区或稍显低回声。肾盂及其周围脂肪囊呈放射状排列的强回声结构。根据扫查面不同可显示肾静脉、后腔静脉、肝或脾(图 11-4)。

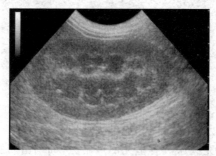

图 11-4　肾脏声像图

(五)犬、猫膀胱的检查

1.扫查方法

选择仰卧位或站立位扫查。备检部位剃毛,并涂抹耦合剂。可选用中频到高频的凸阵探头和线阵探头。于耻骨前缘后腹部做纵切面和横切面扫描(图 11-5)。中等充盈的膀胱最为适合膀胱超声检查。需要显示膀胱下壁结构时可在探头与腹壁间垫上增距垫。雄性动物远段尿道探查多在会阴部或怀疑有结石的阴茎部垫以增距垫扫查。如果需要检查阴茎部尿道,会阴部和阴囊前区域也需要剃毛。

图 11-5　膀胱扫查方法

2.正常声像图

膀胱内充满尿液者呈无回声暗区,周围由膀胱壁的强回声带所环绕,轮廓完整,光洁平滑,边界清晰(图 11-6),除非使用高频探头,通常膀胱壁的分层在声像图中较难显示。在膀胱三角区偶尔可见膀胱背侧壁延伸的输尿管乳头,有时还可见输尿管射流。近段尿道在膀胱尾端可部分显现,雄性前列腺可作为定位标志。远段尿道常显示不清,尿道插管或注入生理盐水扩充尿道后可显示清晰。尿道通常是塌陷的低回声结构,无明显分层。膀胱内结石显示强回声并伴后方声影(图 11-7)。

(六)犬、猫生殖系统的检查

常见的有子宫蓄脓(图 11-8)和卵巢囊肿(图 11-9)等。

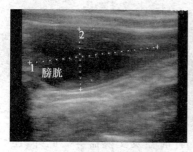

图 11-6 膀胱内径检查

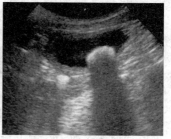

图 11-7 膀胱内结石强
回声伴后方声影

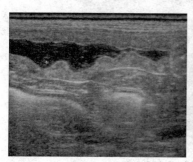

图 11-8 子宫蓄脓

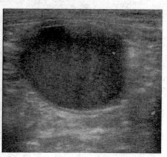

图 11-9 卵巢囊肿

第二节 X 线检查

【应用范围】

X 线检查常作为诊疗过程中的确诊手段,广泛应用于骨
骼疾病、消化系统疾病、泌尿生殖系统疾病、胸肺疾病等的诊

疗过程中。

【用具准备】

X线机、暗室、洗片机、胶片、防护服装、X线胶片、增感屏、暗盒、铅板、滤线器、铅号码、测量尺、遮线筒等。

【X线机的构造】

X线机由X线管、变压器和控制器三部分组成,控制器包括各种仪表、开关、调节器、计时器及交换器等。此外,还有附属的机械和辅助装置(图11-10)。

图 11-10　X 线机

【X线检查的应用原理】

动物体各种组织器官,由于其密度、厚度不同,对 X 线的吸收量也不同。用 X 线作透视或摄影检查时,动物体不同的组织器官会在荧光屏上形成影像,有明暗之分,而在 X 线照片上有黑白之别。密度高、厚度大的组织器官,对 X 线的吸收多,透射检查时,透射到荧光屏上的 X 线量少,产生的荧光弱,形成暗影;摄影检查时,透射到胶片上的 X 线量少,感光作用强,经显影、定影处理后形成灰色或白色阴影。密度低、厚度小的组织器官由于对 X 线的吸收少,在荧光屏上可出现较亮的阴影,在 X 线胶片上则形成黑色阴影。

【检查内容】

一、透视检查

透视检查是利用 X 线的穿透作用和荧光作用,观察 X 线透过被检体后在荧光屏上显现出的荧光影像进行诊断的方法。

(一)动物准备

对动物进行所需体位的保定、摆位,清除被检动物体表上的泥沙、污物以及敷料、油膏尤其是含有碘、铋类的药物等,以免造成伪影误诊。

(二)检查者准备

检查者应该详细了解患畜的病情、临床诊断的初步意见,以及提出检查的目的要求。检查者需进行充分的眼睛暗适应,在暗室内或戴上暗适应镜适应 10~15 分钟。

(三)调节好 X 线机检查

打开电源开关,将电源电压调到 220 伏,并使 X 线机适当预热。把摄影、透视交换器拨到透视挡。管电流通常使用 2~3 毫安,最高不能超过 5 毫安。管电压按被检动物的种类及被检部位的厚度而定,一般小动物为 50~70 千伏,大动物

为 65~85 千伏。透视距离根据具体情况一般控制在 50~
100 厘米之间。

(四)注意事项

(1)透视者必须穿戴铅橡皮围裙及手套。

(2)在准确诊断的基础上,透视时间越短越好。

(3)透视时间过长,要注意检查机头或管头温度,避免
过热。

(4)透视时,如需要移动调节器,一定要停止曝光后再进
行调节。

二、摄影检查

(一)拍片

(1)除去被检查部位的药物和绷带,并使之清洁干燥,然
后确定投照的方向、位置。

(2)选择与被检部位大小一致的胶片装在暗盒中,确定
焦点、胶片间的距离。

(3)测量投照部位厚度,确定投照条件(包括管电流、管
电压、曝光时间、距离等)。将摄影、透视交换器拨向摄影挡。
使照射视野与暗盒大小相一致,X 线中心线束要对准胶片
中心。

(4)放置暗盒时,使其中心与被检部位中心一致,紧贴被
检部位表面。

(5)开启机器,预热后待病畜稳定时进行曝光,在 X 线片
上即获得潜影。拍摄完毕,关闭电源,将各调节器退到零处。

(6)曝光后的 X 线胶片立即送暗室冲洗,湿片观察,待满意后,畜主可以离去,否则应重新拍摄。

曝光条件可根据不同情况或机器容量大小加以变动或转换配合应用,每缩短 1 厘米投照距离等于增加 1 千伏,使用滤线器摄影时,需增加 8~12 千伏或增加 1~3 倍毫安·秒,有石膏绷带时,需增加 3~4 倍毫安·秒。任何部位都要拍摄正、侧两个相互垂直方位的 X 线片,有些部位可能要加拍斜位、切线位或轴位以及关节伸展和屈曲位。

(二)胶片的冲洗

包括显影、洗影、定影、冲影及干燥等几个步骤,前三个步骤应在暗室中进行。

三、造影检查

对于缺乏天然对比的组织器官,利用一般摄影检查不易辨认,必须利用人工造影方法才能达到诊断目的。把人工对比剂引进被检器官的内腔或其周围,造成密度对比差异,使被检组织器官的内腔或外形显现出来,再用透视或摄影检查的方法,称为 X 线造影检查,所用的对比剂称为造影剂。常用的造影剂有气体、碘剂和钡剂,多用于检查食管及小动物胃肠疾病。

1.直接注入

把造影剂通过畜体自然孔道、瘘道或体表穿刺等直接注入体内,如胃肠道造影、瘘管造影、支气管造影、关节腔充气造影和腹腔充气造影等。

2.利用生理排泄

造影剂经口或静脉注入,由于某些造影剂特异性地经肝或肾脏排泄和积蓄,从而使胆管、胆囊及尿路显影。

四、读片

读片主要看器官体积、位置、形态轮廓和影像密度的变化,要对比观察两个相互垂直方位的 X 线片。全面浏览,系统观察。要遵循一定的次序,系统全面地观察分析,不漏过每个细节变化,在观察 X 线照片时,应对照片的质量和技术做出评价。良好的照片应该位置正确,不同密度的组织应显示对比层次,细微结构清晰可见,无移动现象。对出于技术原因所产生的伪影应有识别,勿造成误诊。

例如犬胸腔 X 线摄影(图 11-11)、犬胃内异物 X 线摄影(图 11-12)和犬结肠便秘 X 线摄影(图 11-13)、车祸造成的尿道破裂造影检查(图 11-14)等。

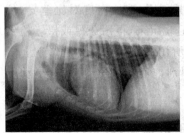
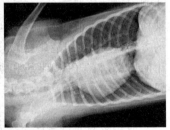

图 11-11　犬胸腔 X 线摄影(右侧卧位和腹背位)

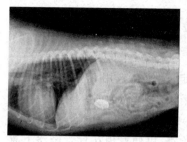
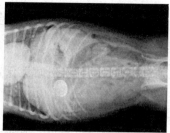

图 11-12 犬胃内异物 X 线摄影(右侧卧位和腹背位)

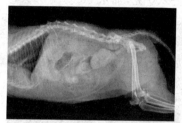
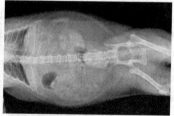

图 11-13 犬结肠便秘 X 线摄影(右侧卧位和腹背位)

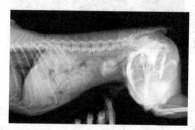
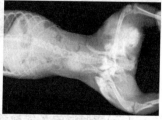

图 11-14 车祸造成的尿道破裂造影检查(右侧卧位和腹背位)

五、各个组织器官的检查

(一)食管的 X 线检查

检查时动物自然站立保定,大家畜选用 55～75 千伏的管电压,小家畜选用 40～60 千伏,管电流为 3～4 毫安,在左侧进行透视或拍片(图 11-15)。应从咽喉部开始,沿食管经路进行透视。可先进行普通检查,以便发现在食管经路上有无异常阴影,然后进行造影检查(图 11-16)。造影剂一般选用医用硫酸钡。大家畜按 100～200 克,加水 500～1 000 毫升,小家畜按 50～100 克,加水 250～500 毫升,并在其中加入适量阿拉伯胶或淀粉,搅成糊状投服,可边投服边检查。

正常时,造影剂投入食管后,出现沿食管迅速向后扩展的圆柱状阴影,并且边缘整齐。

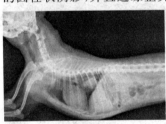

图 11-15　摄影检查胸段食管异物阻塞

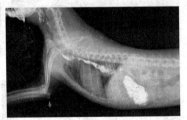

图 11-16　造影检查胸段食管异物阻塞

(二)胃肠道的 X 线检查

胃肠道 X 线检查应先进行普通荧光透视,再进行造影检查。大家畜在自然站立的侧位进行,技术条件为 80～85 千伏,3～4 毫安。小家畜可在自然站立的侧位或卧位进行,技术条件为 60～75 千伏,2～3 毫安。摄影 X 线片见图 11-17。造影 X 线片见图 11-18。

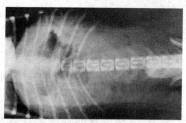

图 11-17　犬肠道 X 线摄影(右侧卧位和腹背位)

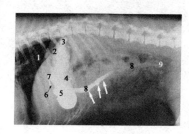

图 11-18　犬肠道 X 线造影(右侧卧位和腹背位,箭头指示十二指肠)

1.食道　2.胃的贲门　3.胃底　4.胃体　5.幽门窦　6.幽门管
7.十二指肠前曲　8.十二指肠降部　9.十二指肠后曲

【本章小结】

B 超诊断对机体安全无害,并可显示被检部位组织或脏器的断面图像,在医学上已成为诊断学科的一个新分支,在兽医临床上也备受重视,现已日益扩大了对 B 超的临床应用,如诊断早孕、观察胚胎发育、诊断繁殖疾病、腹部脏器探查等。X 线检查包括透视和摄影,现广泛应用于骨骼类疾病、消化系统疾病、泌尿生殖系统疾病、胸肺疾病等的诊疗过程中,常作为这些疾病的确诊手段。

【复习思考题】

1.B 超诊断仪有哪些基本构造?

2.简述 B 超检查的一般步骤。B 超检查应注意哪些事项?

3.透视检查的顺序是什么?

4.简述常见胃肠道疾病的 X 线检查方法。

第十二章 注射技术

【知识目标】

了解注射用药的方法。

【技能目标】

熟练运用皮下注射、肌肉注射、静脉注射等给药途径。熟练运用无菌操作技能。

第一节 皮下注射

【应用范围】

凡是易溶解、无强刺激性的药品及疫苗、菌苗、血清、抗蠕虫药,某些局部麻醉药,不能口服或不宜口服的药物要求在一定时间内发挥药效时,均可做皮下注射。

【用具准备】

根据注射药量多少,可用 2 毫升、5 毫升、10 毫升、20 毫升、50 毫升的注射器以及相应针头,70% 酒精棉球,碘酊棉球。

【注射部位】

大动物多在颈部两侧;猪在耳根后或股内侧;羊在颈侧、背胸侧、肘后或股内侧;犬、猫在背胸部、股内侧、颈部和肩胛后部;禽类在翅膀下。

【注射方法】

1. 药液的抽取

先将药液抽入注射器内或注入输液袋内,如果使用粉针剂,应事先检查药瓶、安瓿是否破损,瓶内是否有异物,按规定用稀释液在原安瓿内溶解。抽吸药液时,先将安瓿封口端用酒精棉球消毒,同时检查药品名称、批号、质量,注意有无变质、混浊、沉淀,稀释前后药色是否正常。混合注射两种以上药物时,应严格注意有无配伍禁忌等。将连接在注射器上的注射针插入安瓿的药液内,慢慢抽拉内芯。抽完药液后,一定要排出注射器内的气泡,此时注射针要安装牢固,以免脱掉,严格执行无菌操作规程。

2. 消毒

注射前需要洗手、消毒双手、戴口罩等,对被毛浓厚的动物可先剪毛,除去体表的污物。然后用棉签蘸2%碘酊消毒注射部位,以注射点为中心向外螺旋式旋转涂擦,碘酊干后,用70%酒精以同法脱碘,待干后方可注射(图12-1和图12-2)。

图12-1　犬注射部位消毒　　　图12-2　猪注射部位消毒

3.注射

注射时,要切实保定患畜,术者左手中指和拇指捏起注射部位的皮肤,同时用食指尖下压使其呈皱褶陷窝,右手持连接针头的注射器,针头斜面向上,从皱褶基部陷窝处与皮肤呈30°~40°角刺入2/3的针头(根据动物大小,适当调整进针深度),此时如感觉针头无阻抗,且能自由活动,左手把持针头连接部,右手回抽活塞无血时,即可向皮下推注药液(图12-3和图12-4)。

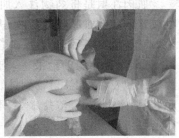

图 12-3　犬皮下注射　　　　图 12-4　猪耳根后皮下注射

注射完毕,左手持干棉球按住刺入点,右手拔出针头,轻轻按摩注射部位,使药液分散,便于吸收。

【注意事项】

(1)刺激性强的药品不能做皮下注射,特别是对局部刺激较强的钙制剂、砷制剂、水合氯醛及高渗溶液等,易诱发炎症,甚至组织坏死。

(2)大量注射药液时,需将药液分点注射或使用软的给药装置,可以减少针头刺入引起的不适。

(3)注射后应轻轻按摩局部或进行温敷,以促进吸收。

(4)长期给药,应经常更换注射部位,达到在有限的注射部位吸收最大药量的效果。

第二节 肌 肉 注 射

【应用范围】

肌肉注射是将药物注入肌肉内的注射方法。一般刺激性较强的和较难吸收的药液,进行血管内注射有副作用的药液、油剂、乳剂等不能进行血管内注射的药液,为了缓慢吸收、持续发挥作用的药液等,均可采用肌肉注射。但由于肌肉组织致密,仅能注射较少量的药液,刺激性很强的药液,如氯化钙、水合氯醛、浓盐水等,不能作肌肉注射。

【用具准备】

根据注射药量多少,选用注射器以及相应针头,犬、猫一般选用 7 号针头,猪、羊用 12 号针头,牛、马用 16 号针头。70%酒精棉球,碘酊棉球。

【注射部位】

大动物与犊、驹、羊等多在颈侧及臀部;猪在耳根后、臀部或股内侧;犬、猫等小动物选择腰、腿部肌肉;禽类在胸部或大腿部。

【注射方法】

动物适当保定,局部常规消毒处理(图 12-5 和图 12-6),宠物可将注射部被毛分开后消毒。用左手的拇指与食指轻压注射局部,右手持注射器,使针头与皮肤垂直,迅速刺入肌肉内(图 12-7),一般刺入 2～3 厘米。而后用左手拇指与食指捏住针头结合部分,再用右手抽动针管活塞,无回血后即可缓慢注入药液(图 12-8)。如有回血,可将针头拔出少许再行抽试,见无回血后方可注入药液。注射完毕,用左手持酒精棉球压迫针孔部,迅速拔出针头。牛、马等大动物肌肉注射时,为术者安全起见,可右手持注射针头,迅速用力刺入注射部位,然后以左手持针头,右手持注射器,将两者连接好,再行药液注射。

图 12-5　猪耳根后肌肉注射部位

图 12-6　注射部位消毒

图 12-7　针头与皮肤垂直
刺入肌肉内

图 12-8　回抽无回血后注入药液

【注意事项】

(1)针体刺入深度,一般只刺入 2/3,切勿把针梗全部刺入,以防针梗从根部连接处折断。

(2)强刺激性药物如水合氯醛、钙制剂、浓盐水等,不能肌肉注射。

(3)注射针头如接触神经时,则动物感觉疼痛不安,此时应变换针头方向,再注射药液。

(4)万一针体折断,保持局部和肢体不动,迅速用止血钳夹住断端拔出。如不能拔出,先将病畜保定好,防止骚动,行局部麻醉后迅速切开注射部位,用小镊子、持针钳或止血钳拔出折断的针体。

(5)长期进行肌肉注射的动物,注射部位应交替更换,以减少硬结的发生。

(6)两种以上药液同时注射时,要注意药物的配伍禁忌,必要时在不同部位注射。

(7)根据药液的量、黏稠度和刺激性的强弱,选择适当的注射器和针头。

(8)避免在瘢痕、硬结、发炎、皮肤病及有针眼的部位注射。瘀血及血肿部位不宜进行注射。

第三节　静脉注射

【应用范围】

静脉注射是将药液注入静脉内,治疗危重疾病的主要给药方法。用于大量的输液、输血;或用于以治疗为目的的急需速效的药物;或注射有较强的刺激作用,又不能皮下、肌肉注射,只能通过静脉内才能发挥药效的药物。

【用具准备】

根据注射用量准备注射器及相应的针头,一次性输液器或输液袋,输液泵,静脉留置针,肝素帽,70%酒精棉球,碘酊棉球。

【注射部位】

牛、马、羊等均在颈静脉的上 1/3 与中 1/3 的交界处;猪在耳静脉或前腔静脉;犬、猫在前肢头静脉和后肢外侧隐静脉,也可在颈静脉,猫还可选用后肢股内侧的隐静脉;禽类在翅下静脉。特殊情况,牛也可在胸外静脉及母牛的乳房静脉。

【注射方法】

先将药液配好,装在输液袋中悬挂在吊瓶架上,排净输液管内的气泡,然后进行静脉注射。先消毒注射部位(图 12-9)。大家畜牛、马静脉注射时,压迫静脉的近心端,阻断血液回流,使静脉怒张,选用 16～20 号注射针头,对准已怒张的血管用力刺入,见针头回血后,将针头继续向血管内推进顺针,然后松开对颈静脉近心端的压迫,连接输液管接头,调整控制开关进行静脉注射,输液管用夹子固定在颈部皮肤上。耳静脉注射时压迫耳根部;乳静脉注射时压迫远离乳房的一端血管;犬静脉注射时可用弹力橡胶管扎紧注射部上方的肢体使血管怒张;猫隐静脉注射时用手指压迫隐静脉近心端。手持注射针头顺血管方向与皮肤呈 45°角,刺入血管内(图

12-10),刺入正确时可见到回血,调整针头与血管的角度,继续将注射针头送入血管内(图 12-11),解除对静脉近心端的压迫或松去弹力结扎带,打开控制开关即可点滴输液(图 12-12),用胶布固定针头,以防止针头从血管内移出(图 12-13)。在注射过程中要经常观察是否漏针,若发现漏针,应立即停止注射,重新调整针头,待正确刺入血管后再继续注入药液。注药完毕,拔下针头,用酒精棉球压迫片刻后可松解保定(图12-14)。

图 12-9　消毒注射部位

图 12-10　由近腕关节 1/3 处刺入静脉

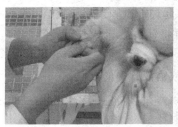

图 12-11　回血后顺针少许

图 12-12　松开止血带,
打开阀门调整速度

图 12-13　用胶布缠绕固定针头

图 12-14　注毕,棉球按压,拔出针头

【注意事项】

(1)严格遵守无菌操作,对所有注射用具及注射局部均应进行严格消毒。

(2)注射时要检查针头是否畅通,当反复刺入时针孔很容易被组织或血液凝块阻塞,因此应及时更换针头。

(3)注射时要看清脉管径路,明确注射部位,刺入准确,一针见血,防止乱刺,以避免引起局部血肿或静脉炎。

(4)针头刺入静脉后,要再将针头沿静脉方向进针 1～2 毫米。

(5)刺针前应排尽注射器或输液管中的空气。

(6)要注意检查药品的质量;多种药液混合时,应注意配伍禁忌;切记油类制剂不可静脉注射。

(7)注射对组织有强烈刺激的药物时,应先注射少量的生理盐水,证实针头确实在血管内,再调换要注射的药液,以防药液外溢而导致组织坏死。如钙剂的注射。

(8)输液过程中,要经常注意观察动物的表现,如有骚动、出汗、气喘、肌肉震颤、皮肤丘疹、眼睑和唇部水肿等征象时,应及时停止注射。当发现输入液体突然过慢或停止以及注射局部明显肿胀时,应检查回血。如针头已经滑出血管外,则应重新刺入。

(9)犬及猪静脉注射时,首先从末端开始,以防再次注射时发生困难,如血肿后无合适的进针点。

(10)如注射速度过快、药液温度过低,可产生副作用,如心跳、呼吸异常或肌肉颤抖等。同时要注意某些药物因个体差异可能发生过敏反应。

(11)对极其衰弱或心机能障碍的患畜静脉注射时,尤其应注意输液反应,对心肺机能不全者,应防止肺水肿的发生。

【本章小结】

注射法是兽医临床给药的主要途径,我们必须掌握其正确的操作方法。合理选择药物并以正确的途径给药才能最大限度地发挥药物的治疗作用。

【复习思考题】

1.简述皮下注射的方法。

2.简述肌肉注射的方法。

3.简述静脉注射的方法。

第十三章 投药技术

【知识目标】

掌握各种动物临床给药的操作方法,并了解注意事项,确保临床诊疗过程中的人畜安全。

【技能目标】

掌握饮水、拌料、灌服等口服给药方法。掌握直肠投药法。掌握牛、羊、猪等的胃管给药法。

第一节 直接灌药法

【应用范围】

各种动物的临床治疗给药。

【用具准备】

口服给药器、灌角、橡皮瓶、一次性灌药器。

【检查内容】

一、小动物片剂、丸剂经口投药法

犬、猫采取坐姿或站立姿势,对性情温和的犬、猫,以左手拇指、食指在两侧口裂后方,隔着皮肤向其齿间隙压迫,即可打开口腔。投药人员用镊子夹持药片、药丸,送入犬、猫的舌根部,迅速将犬、猫嘴合拢,防止张嘴。当犬、猫的舌尖伸出口腔外并用舌舔鼻端时,说明已将药咽下。某些犬、猫,药片、药丸不往下咽,投药人员应抓住上下颌严防口张开,并用手指轻轻叩打犬、猫的下颌,促使犬、猫突然咽下药丸,以减少吐出的机会。

二、小动物灌药法

将犬、猫保定,助手固定头部上、下颌,术者左手持药瓶或抽满药液的注射器,右手自一侧打开口角,自口角处缓缓灌入药液,让其自咽,直至灌完。

三、牛、羊灌药瓶投药法

用灌药瓶将碾压粉碎的调成糊剂的药经口投入。将牛保定在六柱栏内,抬高牛的头部。或由助手牵住牛鼻绳,抬高牛头,或握住鼻中隔使牛头抬起,必要时使用鼻钳。术者左手伸入牛的一侧口角,打开口腔,右手持装上需投入的糊剂药物的灌药瓶,从另一侧口角齿间隙处向口腔内插入灌药瓶嘴,并向舌背面舌根部灌入,待动物咽下一口后,再向口腔内灌入第二口。灌药时严禁牵拉动物舌头,以防影响吞咽而造成误咽;每一次灌入口腔的药量不可过大,灌入量过大,容易从口腔中吐出而造成浪费。灌药过程中若发现动物咳嗽,应立即放低动物头部,待正常后再灌入,直至灌完。

四、猪的灌药法

小猪灌服少量药液时,通常一个人固定猪的双耳或两前肢(图 13-1),并提起其前躯,大猪则需进行仰卧保定。通常是术者用木棍将嘴撬开,用药匙或注射器自口角处徐徐灌入药液(图 13-2)。

图 13-1　猪灌药保定　　　　图 13-2　猪的灌药

【注意事项】

每次灌入的药量不宜过多,不宜过急,不能连续灌药,以防误咽;头部吊起或仰起的高度,以口角与眼角呈水平线为准,不宜过高;灌药中,病畜如发生强烈咳嗽,应立即停止灌药,并使动物头部低下,促使药液咳出,安静后再灌;猪在嚎叫时喉门开张,应暂停灌药,待停叫后再灌;当病畜咀嚼吞咽时,如有药液流出,应以药盆接取。

第二节　胃管灌药法

【应用范围】

适用于灌服大剂量水剂药液和补食流质饲料。此外胃导管亦可用于食道探诊、瘤胃排气、抽取胃液或排出胃内容物及洗胃。

【用具准备】

软硬适宜的胶皮管(塑料管)、漏斗或打药用的加压泵，插胃管用的开口器。

【检查内容】

一、牛胃管投药

给牛戴开口器,固定头部,术者左手抓住牛的鼻翼或抓住鼻钳,右手持消毒并涂上润滑油的胃管(图13-3),通过左手的指间沿鼻中隔徐徐插入胃管(图13-4)。当管端到达咽部时感觉有抵抗,此时不要强行推进,稍停或轻轻抽动胃管以引起吞咽,待动物有吞咽动作时,趁机向食管内插入。当动物无吞咽动作时,可揉捏咽部或用胃管端轻轻刺激咽部而诱发吞咽动作。确定胃管插入食道无误后(图13-5),再稍向深部送进,胃管端连接漏斗把药液倒入漏斗内,举高漏斗超过动物头部,将药液灌入胃内。药液灌完后去掉漏斗,用橡皮球再向胃管内打气或灌少量清水,以排净残留在胃管内的药液,然后将胃管端折叠,缓缓抽出胃管(图 13-6)。

图 13-3　胃管消毒,涂润滑油

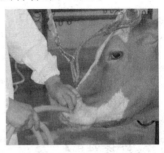

图 13-4　从鼻腔插入胃管

图 13-5　判定胃管是否在胃内

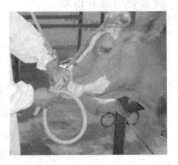

图 13-6　拔出胃管

二、犬、猫胃管投药

对犬、猫先进行安全保定后装上开口器。用较细的投药管经舌背面缓缓向咽腔插入,然后继续向深部插入即可进入食管内,用连接胃管的橡皮球打气,观察到颈部的波动,压扁气球后气球不会鼓起即可证明插入正确。连接漏斗灌入药液。

【胃管插入胃内的判定方法】

常用判定方法见表13-1。

表 13-1　胃管插入胃内的判定方法

项目	在食道内	在气管内
胃管送入时的感觉	插入时稍感前方有阻力	无阻力
观察咽、食道及动物的动作	胃管前端通过咽部时可引起吞咽动作或伴有咀嚼,动物安静	无吞咽动作,可引起剧烈咳嗽,动物表现不安
触诊颈沟部	可摸到胃管	无
将胃管外端放入水中	水内无气泡发生	有大量气泡
用鼻嗅诊胃管外端	有胃内酸臭味	无
观察排气与呼气动作	不一致	一致
捏扁橡皮球后接于胃管外端	不再鼓起	鼓起
用胃管吹入气体	随气流吹入,颈沟部可见明显波动	无波动

【注意事项】

胃管使用前要消毒,涂上润滑油,减少对食道黏膜的损伤;插入动作不可粗暴,抽动时要小心,动作要轻柔、缓慢;患有咽炎及呼吸困难的病畜不宜用胃管。应确定插入食道深部或胃内后再灌药,否则要重新插入并确定无误后再行灌药;经鼻插入胃管可导致鼻出血,应引起高度注意,少量的出血,能自行止血,出血较多时,应将动物头部适当抬高或吊起,进行鼻部冷敷,或用大块纱布、药棉堵塞一侧鼻腔,必要时宜配合应用止血剂、补液乃至输液。灌药时,若引起咳嗽、气喘,应立即停止给药。

【本章小结】

口服法是兽医临床给药的主要途径,我们必须掌握其正确的操作方法。合理选择药物并以正确的途径给药才能最大地发挥药物的治疗作用。胃管投药法适用于动物无食欲但又必须内服的药物。

【复习思考题】

1.胃管投药的操作要领是什么?

2.胃管投药时,胃管在胃内还是气管内的判定依据是什么?

第十四章 穿刺技术

【知识目标】

了解临床常用穿刺术的种类和适应症。明确穿刺术的注意事项。掌握常用穿刺术的穿刺部位及操作方法。

【技能目标】

穿刺术的操作方法,穿刺部位的确定及穿刺术的临床应用。

第一节 腹腔穿刺术

【应用范围】

(1)诊断胃肠破裂、内脏出血、膀胱破裂等。

(2)通过穿刺液的检查判断是渗出液还是漏出液。

(3)经穿刺放出腹水或向腹腔内注入药液治疗某些疾病。

【穿刺部位】

小动物在耻骨前缘与脐之间的正中线左(右)侧3～5厘米处;反刍动物在右侧膝与最后肋骨之间连线的中点处;马属动物在胸骨的剑状软骨后方10～15厘米、腹白线左侧3～5厘米处;猪在腹白线一侧。

【穿刺方法】

穿刺部剪毛(图14-1)、消毒(图14-2),用14～20号针头垂直皮肤刺入(图14-3),当针透过皮肤后,应慢慢向腹腔内推进针头,当出现阻力骤然减退时,说明针已进入腹腔,腹水经针头流出(图14-4)。用于诊断性穿刺时,腹水流出后立即接取。用于放出腹水时,使用针体上有2～3个侧孔的针头穿刺,可防止大网膜堵塞针孔。术毕,拔下针头用碘酊消毒术部。

图14-1 羊穿刺部剪毛

图14-2 穿刺部消毒

图14-3 针头垂直皮肤刺入

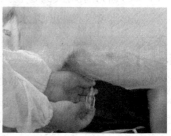

图14-4 腹水经针头流出

第二节　膀胱穿刺术

【应用范围】

(1)公畜因尿道阻塞引起的急性尿潴留,为防止膀胱过度充盈,避免内压过大继发膀胱破裂。

(2)经膀胱穿刺采集尿液进行检验。

【穿刺部位】

小动物在耻骨前缘 3~5 厘米处腹白线一侧的腹底壁上,大动物在直肠内进行穿刺。

【穿刺方法】

小动物采取仰卧保定,大动物在六柱栏内站立保定。

1.小动物膀胱穿刺

在术部剪毛、消毒后,用左手隔着腹壁固定膀胱,右手持 16~18 号针头,刺入皮肤,经肌肉、腹膜、膀胱壁刺入膀胱内,尿液即可从针头内流出。

2.大动物膀胱穿刺

先用温水灌肠,清除直肠内粪便。术者右手拇指、中指和无名指保护针尖,针尾藏于手心内,针尾连接导管,针头随手进入直肠内。手伸进直肠狭窄部后,向后下方移至耻骨前缘上方,触摸到高度充盈的膀胱。让针尖贴着无名指和拇指端徐徐露出,针尖垂直膀胱用力刺入膀胱体部。一次穿透直肠壁和膀胱壁,进入膀胱内,随即用手固定针头,尿液便可顺导管流出体外,直至把膀胱内尿液基本放净后方可拔出针头,针尾仍藏于手心,移出直肠,消毒术部。

【注意事项】

(1)排尿时不可快速,让其自行流出,亦不可用注射器大量抽尿,否则膀胱突然减压,使黏膜高度充血、水肿,甚至出血。

(2)穿刺排尿时力求一次将积尿放净,为此排尿期间要充分固定好针头,同时向下压迫膀胱壁,使尿液全部放出,以利于膀胱收缩和穿刺孔的闭合,延长膀胱内尿液充盈时间。

【本章小结】

膀胱穿刺适用于膀胱极度膨满而排尿困难,尿闭或尿道堵塞,导尿无效的病畜,是一种为防止膀胱破裂而进行的应急性人工排尿方法。排尿不应过快,而应适当予以控制,以利于盆腔、腹腔器官和血液循环逐渐恢复平衡。

【复习思考题】

1.简述临床常用穿刺术的种类和适应症。

2.简述穿刺术的注意事项。

3.简述常用穿刺术的穿刺部位及操作方法。

参 考 文 献

[1] 李玉冰.兽医基础.北京:中国农业出版社,2001.

[2] 崔中林.兽医诊疗技术.北京:农业出版社,1990.

[3] 李玉冰.兽医临床诊疗技术.北京:中国农业出版社,
2006.

[4] 韩博,等.动物疾病诊疗.北京:中国农业出版社,2006.

[5] 林德贵.动物医院临床手册.北京:中国农业出版社,
2004.

[6] 王民桢.兽医临床鉴别诊断学.北京:中国农业出版社,
1994.

[7] 林德贵.兽医外科手术学.4 版.北京:中国农业出版社,
2002.

[8] 张建岳.实用兽医临床大全.2 版.北京:中国农业大学出
版社,2001.

[9] 陈北亨.兽医产科学.北京:中国农业出版社,2001.

[10] 谢富强.兽医影像学.北京:中国农业大学出版社,
2004.

[11] 王书林,等.兽医临床诊断学.北京:中国农业出版社,
2001.

[12] 邓友良,等.兽医临床诊疗实践.北京:中国农业大学出

版社,2006.

[13] 唐兆新.兽医临床治疗学.北京:中国农业出版社,2002.

[14] 东北农学院.临床诊疗基础.北京:农业出版社,1979.

[15] 张德群.兽医专业实习指导.北京:中国农业出版社,2004.

[16] 李宏全.门诊兽医手册.北京:中国农业出版社,2005.